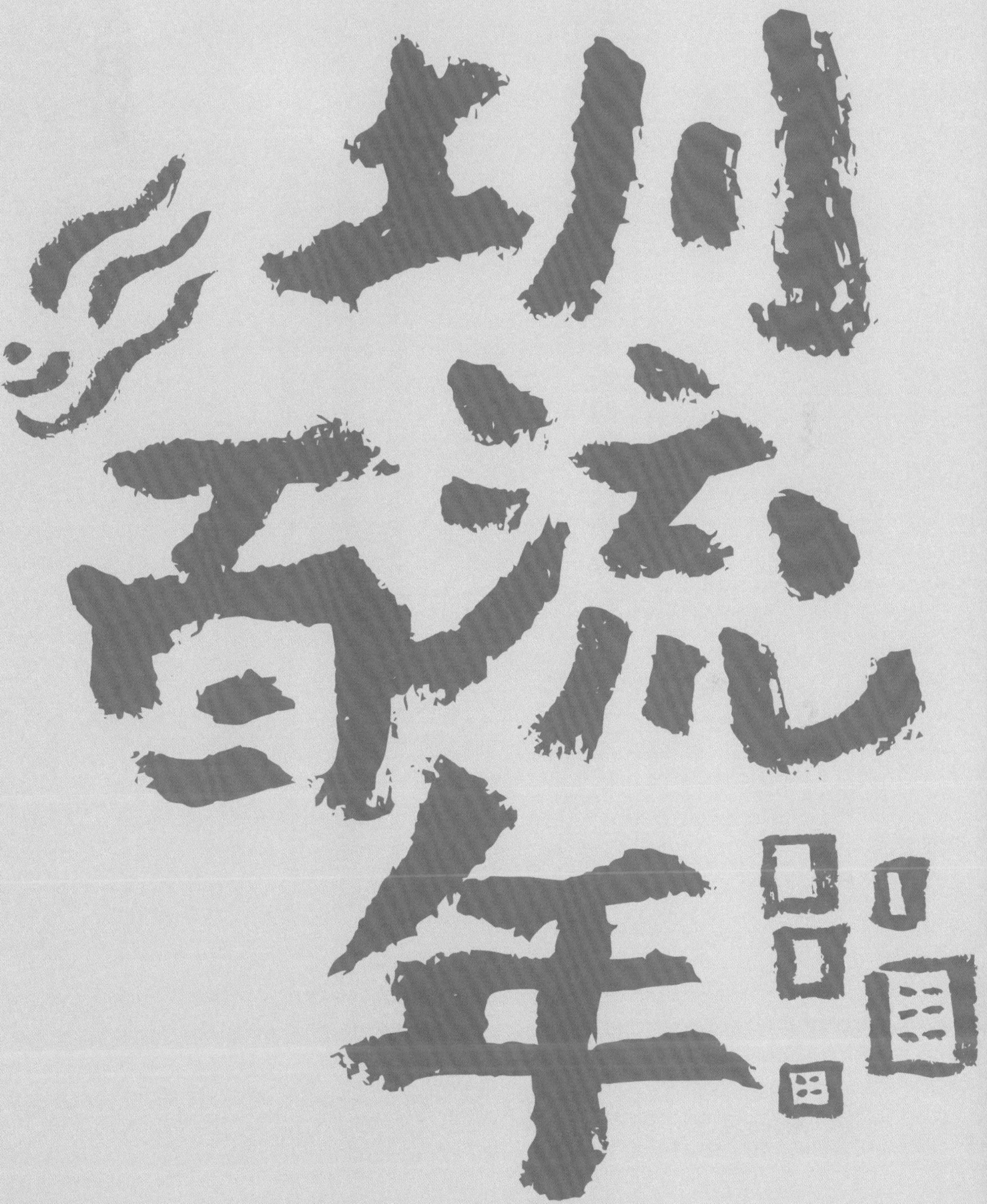

# 目次

# 向滋養臺南的百年大圳致謝

——臺南市市長黃偉哲

「獲得供水的農民收入增加了，而只有該地區可採用現代農業技術。然而，未獲得供水的農民則將永遠固守傳統的農業技術，無法脫離貧窮。同是嘉南的農民，因其耕地不同，被明確地分為富農及貧農，這對臺灣的將來絕對不是好現象。我是農家子弟，我認為再也沒有比怎麼樣耕作都不能收穫的農民更慘了。」

八田與一，一九一八年。

收到《圳流百年》時，我不經意地翻到了八田與一技師這段話，雖是百年前寫下的文字，仍深深刺進我心，令我想起了年輕時攻讀農學時的種種。我忍不住翻看下去，透過文字描述，想像著百年前嘉南大圳誕生前的嘉南平原，想像著萬頃土地因氣候而不得不休耕，對於學農的人而言，那是多麼令人痛心的事啊！

今日的臺南早已不是八田技師當年看到的那麼悲慘，自我從政以來，常常在農村裡視察奔忙，公務繁忙時，只要抬頭看看綠油油的稻田或結實累累的稻穗，偶爾停下來，吃一碗現作的米苔目或碗粿，就感覺一切的辛苦都值得了。然而，這一切絕非憑空而來，臺南的豐饒富庶，嘉南大圳實在居功厥偉，八田與一以及許多沒有留下名字的日本人、臺灣人一同扛下了長達十年的指責與質疑，其中多少屈辱挫折，他們都一起咬牙撐過，十年的含辛茹苦，徹底改變了嘉南平原的體質，持續哺育著後代的我們。

可能有人會問：「嘉南大圳就是兩個水庫加一堆水泥溝，有什麼好講的？」

但我認為，偉大都起於微小，一個人的意念或許不足以成事，但一群人、一代人的努力，就可以扭轉全局。嘉南大圳的歷史就是大臺南農業百年來的縮影，臺南先民曾經經歷的困難、掙扎與蛻變，如今隨著耆老年邁而少有人知，但嘉南大圳的存在就是這一切的見證。作為臺南子弟與現任的臺南市長，我認為，我們有義務替嘉南大圳留下紀錄，透過「再造歷史現場」計畫的機會，用貼近土地的方式重現大圳的歷史意義，也經由《圳流百年》等系列著作的出版活動，讓國人認識嘉南大圳，也讓更年輕的世代願意前來親近大圳這位「老前輩」。

謹以此書紀念曾經為嘉南大圳付出心血的人們，也感謝這座默默看顧我們的工程，希望它能持續屹立，迎接下一個百年。

# 書寫嘉南大圳，看見世界遺產

——文化部文化資產局局長施國隆

蜿蜒漫布，波光粼粼，「嘉南大圳」的水路在平原的肚腹上，開展了一張長達百年的歷史地圖，描繪著大圳的生命旅程，同時記錄了大圳與人們的互動，更是臺灣歷史的重要見證。運作百年的「嘉南大圳」不僅是實用的水利設施，亦是深具文化意義的「文化資產」，除了實體可見提供大圳穿梭自如的「渡槽橋」之外，圍繞大圳而形成的人文環境，也展現了先人順應自然的生存之道，更是與自然共榮共存的生活智慧。

「文化資產」是人類文化積累的成果，也是過往先人們智慧的總合與紀錄，代表著文明的「存在」。隨著時序推移，我們見證了人類科技文明的迅速成長，但也見識了現代化所帶來的破壞力，「文化資產」常在這進程中受到不可逆的傷害。緣此，聯合國教科文組織不斷呼籲全球注意「文化資產」的重要性，並訂定系統性的保護措施；從一九七〇年代，聯合國教科文組織更開始以「世界遺產」的觀點提倡「文化資產」的保護務必成為全人類的責任與使命，突破國界的局限。

秉持這樣的理念，文化部文化資產局從「在地」出發，希望讓世界認識臺灣具備普世價值的文化資產，因此於二〇〇九年挑選出含「烏山頭水庫及嘉南大圳」在內的「世界遺產潛力點」，成為讓世界看見臺灣文化資產的叩門磚。「嘉南大圳」所積累的文化濃度足以入選「世界遺產」，並具備全人類文化資產的高度，更可貴的是，「嘉南大圳」並未隨著時間流逝而腐朽，而是緊隨時代的腳步，持續滋養嘉南平原，與我們一同呼吸一起生活，不斷創新意義。「嘉南大圳」體現了我們在文化資產保存上最深的期盼，也是「再造歷史現場」的核心精神，呈現文化資產與當代連結脈動的生動面貌。

適逢二〇二〇年「嘉南大圳」開工屆滿百年，在這重要時刻，特以專書——《圳流百年》重現「嘉南大圳」的生命故事，希望可以讓大小朋友一同感受「嘉南大圳」流淌百年的悠長與感動。

# 生命因水而生，文化賴人傳承

——臺南市政府文化局局長葉澤山

五月八日是八田與一的逝世紀念日。每年這一天，烏山頭水庫都會舉辦紀念八田技師的活動，來自日本和其他地方的人們都會專程前來緬懷這位對嘉南平原有偉大貢獻的工程師。八田技師生於日本，卻將一生奉獻給臺灣。在艱困的年代，他發揮堅毅的精神帶領臺、日工程界攜手建造烏山頭水庫與嘉南大圳，讓廣袤的嘉南平原布滿豐收的良田。

烏山頭水庫及嘉南大圳的設立，加上無數前人的奮鬥與費心經營，使得臺南擁有全國最大的農耕面積。這座使用近百年的水利系統迄今雖仍正常運行，然隨時代變遷、產業更新、人口老化，部分充滿歷史痕跡的機械設施逐步拆除淘汰，土地開發則改變了眾多水圳幹道的枝節紋理。逐漸地，社會大眾對嘉南大圳的印象僅存八田技師與那宏偉的大壩，卻未能看見戰後臺灣水圳與土地的緊密連結，嘉南大圳遂成了人們不易理解的水利設施。

從原臺南縣時期乃至升格直轄市後，臺南市一直致力於大圳史料蒐集、調查研究以及出版推廣。二〇〇九年，原縣府正式將「烏山頭水庫暨嘉南大圳水利系統」登錄為文化景觀，為昔日農業縣留下光輝印記。二〇一五年開始，市府與官田區五校（嘉南國小、官田國小、隆田國小、渡拔國小、官田國中）共組「水圳教育聯盟」，逐年完備大圳課程教材及配套學習活動，讓在地學子看見大圳、認識大圳，並透過手繪動畫、踏查記錄、模型解說等方式訴說大圳。

大圳是不斷創造記憶的生活場域，為使更多人認識這座開工百年的水利系統及其人文肌理，我們跳脫單一文化資產的眼光，從歷史角度切入轉譯，透過《圳流百年》鑑往知來，期讓更多讀者認識斯水斯土斯民。身為嘉南平原的子弟，我們自前人手中承接這段大圳滋養這片土地的故事，我們必然也將再傳承下一個百年，成為另一個故事的序曲。

# 因水而起

——成功大學歷史學系教授陳文松

嘉南大圳，也就是烏山頭水庫以及整個涵蓋雲嘉南地區灌溉系統的給水路網，從一九二〇年動工興建到一九三〇年正式完工，前前後後花了整整十年，終告完成；二〇二〇年，也就是迎接嘉南大圳動工興建的一百年。從百年前與迄今一百年之間，這一片廣大土地與無數人民，經歷了從日治到戰後不同政權的統治，究竟產生何種重大的改變？而日後又將面臨何種挑戰？本書正是要引領我們去思考這些問題。

本書所稱「圳流百年」可能已是大家從小聽到大的故事，包括嘉南大圳的總工程師兼設計者八田與一，包括三年輪作制等；但本書所書寫的內容不僅於此，而是希望使用新的嘗試，重新詮釋嘉南大圳的百年，同時也從不同的面向和角度來書寫這百年來（甚至在大圳動工以前）廣大土地上那些統治者與生活者，以至人類與環境如何共生的多元故事。

筆者所任職的成功大學，自三年前推出大一新生踏溯臺南的通識課程，其中有一條大路線「南瀛水世界」，就是安排學生走踏山上區原臺南水道局、官田區烏山頭水庫和麻豆區水堀頭倒風內海故事館；而其他大路線包括「臺江內海的前世今生」，或是「黃金與白金：糖與鹽」、「月津風華」等，從沿山到平原，又從平原跨到沿海。然而這些路線幾乎不脫嘉南大圳的「魔網」——其綿密的灌溉水路與流經臺灣南部的不同河川交匯，從上游的水庫到分流的南北幹線，再到大小排水道、渡槽橋和大小水門等，層次分明、錯落有致，而這些不同的水路，百年來不斷向在此生長的人們與土地，訴說著彼此之間密不可分「因水而起」的辛酸與歡愉。

嘉南大圳供應的水有兩種，一種是灌溉用水，一種是民生用水。但不管那一種，都交織著許許多多前人所流下的汗水，甚至還有淚水。下次當您走到水圳（路）旁，記得貼近水面去感覺土地和水的關係，大圳的光與影，就在其間。

筆者忝為本書審查委員之一，見證本書撰寫過程的艱辛、與文獻搏鬥的心路歷程，而為了更貼近大圳的律動，體會與土地的連結，團隊成員更是數度到不同歷史現場進行勘查和口訪，對於嘉南大圳的前世今生，進行共筆的實踐，這是本書的特色，也是執行團隊風格的發揮。經過近兩年與審查委員、承辦人員的交鋒與對話，執筆者磨禿了筆尖，耗盡了腦力，察納雅言，吞下怨尤，只為了向讀者交代更完整的故事。無疑地，這是相當艱鉅的任務，如同母親懷胎十月，而今終究把它生出來了，方才有如此脈絡完整、骨架清晰和圖文生動的展現。筆者很願意把它推薦給大家，並一起展望嘉南大圳下一個百年。

# 平凡的不平凡

——「故事：寫給所有人的歷史」共同創辦人蕭宇辰

做為在繁華的臺北投入文化工作的人，下鄉下田根本是好遠好遠的概念，前陣子聽聞「故事」主編曾過著「半農半X」的生活，覺得驚奇之餘也不免浮出左派青年式的反省：「對啊，不正是『經濟基礎』才搭建起我從事的『上層建築』嗎！真實農業的運作到底是怎麼一回事？」

《圳流百年》帶我們直擊歷史課本都不會忽略的「嘉南大圳」！

這本書開篇就引起我的好奇：烏山頭水庫當初設計是服役五十年，二〇二〇年要迎接九十週年了，卻還在服役中。這不是大家熟悉的政府工程呀？是如何辦到的？

在娓娓道來中也直戳一般人無知的痛點：「水圳不就是供水嗎？水閥打開讓水流過去，是有什麼難的？」當然超難啊，看書你就知道了！

正由於這種站在一般觀眾角度的書寫，《圳流百年》讓我這個完全不懂農業的人，也能立刻掌握箇中緣由，不時發出「原來如此」的感嘆。

大圳的營運維護更是仰賴一群長者的勞動付出，像是「掌水工」負責了第一線協調水源的分配，在農民和水利會之間辛苦折衝，但薪資卻少得可憐。讀到這裡不由得五味雜陳，我母親在工廠擔任作業員、父親是公車駕駛員，算是非常典型的都市勞工家庭。同我一般出身者比比皆是，而我們又何曾留意這些辛勞？

久處節奏快速的都市生活，我們總被提醒要有國際觀，要掌握時事脈動，要有競爭力。這些固然重要，但若真想要拓展視野，不是把目光投向遠方的絢麗，那些燦爛人人可見，而是留意腳下，留意那些看似不起眼的故事。只有如此，你才真能用更清明的眼光看清些什麼。

推薦大家看看這本《圳流百年》，透過水圳的運作，透過投身其中的人們，讓我們了解平凡的不平凡。

# CHAPTER 1

# 嘉南大圳的年度行事曆

撰文者——陳力航、謝金魚

## ⁂同梯都退了，只有烏山頭還在

「這古董喔！」陳豔星站長指著高約一百八十公分的木製大櫃，櫃子正面掛著現代地圖，圖上標示著隆田工作站負責的灌溉區域。櫃子的角落刻著小小的「嘉南大圳組合」數字，顯然是從日治時代留存至今的公物，原先的木色已變深，在鐵櫃與辦公桌椅之間顯得有些陳舊，卻依然堅固地在嘉南大圳隆田工作站裡「服役」（照片1-1）。

就像嘉南大圳一樣。

自一九三〇年代建成之後，嘉南大圳灌溉的區域從雲林到臺南，總計約有一千四百一十公里的水路幹線、支線、分線水路，加上將近七千四百公里的小給水路，如血管一般遍布嘉南平原，灌溉平原上的作物，也填飽了臺灣人的肚子。

「大家都以為我們隆田水很多、喝不怕，才不是咧！」陳豔星站長苦笑著說，他是隆田工作站的總負責人，在此之前也曾經在烏山頭水庫等不同單位工作，三十年來，看遍了嘉南大圳的各種變化，大圳的歷史、設施與政策，以及相關的人事變遷，他如數家珍。許多當時看來艱難的事，如今都能當成笑話來說。

然而，說起經營大圳，卻一點都不能馬虎。二〇二〇年，大圳的源頭——烏山頭水庫即將迎來完工九十年的紀念，原先只預計使用五十年的水庫，如何透過保養與加固持續「服役」，是一大問題，「跟我們同時間蓋的大壩都退役了，只有我們還在。」陳站長既驕傲又擔憂。

近年來的極端氣候也讓他面色凝重，他說：「每一次下雨，都要當成今年最後一次的雨水，所以不管怎樣都要把水庫蓄滿。」暗示應變的空間極度限縮，從上到下，嘉南大圳的相關人員都面對更大的挑戰。

嘉南大圳從興建以來，要解決的就只有「供水」這個問題——目標看似簡單，卻遠比人們想像的要複雜得多。以下讓我們從隆田水利站出發，先來看看以「供水」為目標的嘉南大圳的一年吧！

## ⁂春季：一期稻作開始灌溉

一月底到二月初，學生們正過著寒假，百工百業也期待著難得的休息時光，嘉南大圳則要準備供水，而在此之前，從去年底開始的圳路維護工程剛剛結束——在農曆春節之前，大圳就會開水供灌。

「供灌」聽起來很簡單，似乎就是把水閘打開而已，但事實完全不是這麼一回事，在放水之

照片1-1　隆田工作站大木櫃。
「嘉南大圳組合」原為「公共埤圳嘉南大圳組合」，成立於1921年，幾經改組之後，成為如今的「嘉南農田水利會」，是嘉南大圳的主要管理單位。

前必須要有縝密的計畫！在供灌之前，各地工作站會評估所屬區域的作物特性與灌溉面積後，匯報預估用量給嘉南農田水利會，由總部整體評估用水量。待分配安排妥當之後，水利會才會通知烏山頭水庫放水日期與用水量，大圳下各支分線也會收到水量通知，接著再往下分配（圖1-1）。

就經驗而言，總部分配的計畫用水量通常不會照著原定預算來到，可能是因為水庫水量不足、氣候變化或者其他臨時整體評估而打折，但如果分配水量太少，對工作站而言，無法供給足夠的水，對農民可就不好交代了。因此，工作站也必須向上反映，爭取水量。不過，計畫用水量並不是只計算一次後就無法變動，水利會每個月都會針對下個月的用水重新評估，所以放水期的水利會上下單位總有各種拉鋸。

一月中下旬通水之後一直到五月，供灌的水主要供一期稻作使用。由於嘉南平原不若北部一年四季有雨，向來有雨量分布不均的問題，通常

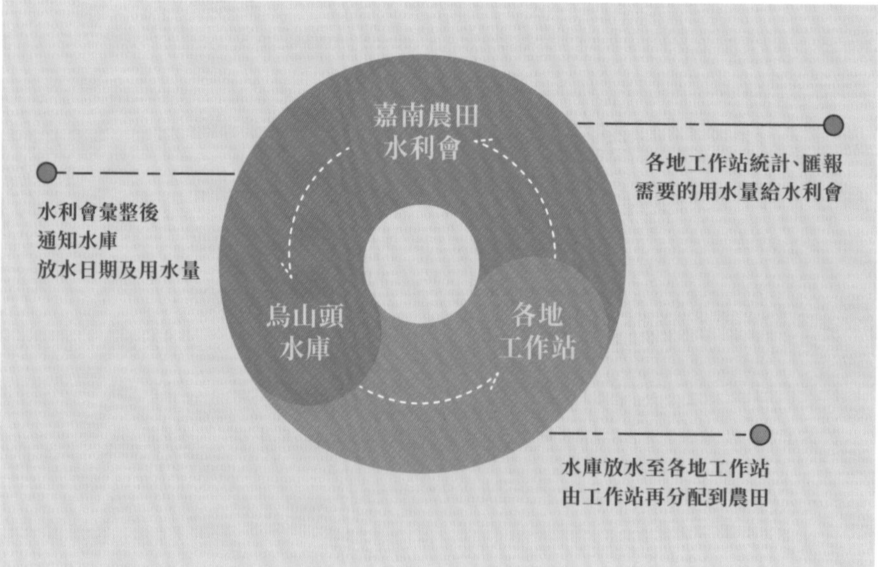
嘉南農田
水利會
各地工作站統計、匯報
需要的用水量給水利會
水利會彙整後
通知水庫
放水日期及用水量
烏山頭
水庫
各地
工作站
水庫放水至各地工作站
由工作站再分配到農田

圖1-1　從水利會到工作站的用水評估流程。

從十一月以後降雨量就會減少，乾旱的情形會一直持續到隔年五月。所以來自烏山頭水庫、曾文水庫的水，往往可能是前一年的梅雨、颱風帶來的雨量，在供灌之前，被小心翼翼保存在水庫裡。

水庫水就像積蓄的錢財一樣，倘若去年進帳不少，今年供灌就比較有餘裕；如果去年的積蓄不夠，這次供水的日程就會受到影響，有時候甚至得要求農家配合休耕。尤其是一月到五月這個時段通常都是南部的乾旱期，往往影響一期稻作的種植。

一旦缺水，嘉南平原上就容易出現糾紛。此時，水利會的職員與掌水工*們就得把神經繃得更緊，他們不僅得將水庫的水更精確、公平地分配到農民的田裡，也要平息農民的不滿與糾紛，客訴與抱怨對他們是家常便飯，可是遭質疑分配不均的聲浪總讓他們甚感委屈。

缺水的壓力更展現在「盜水」上，為了爭奪資源，農民常常突破水利會為保護水源所設下的障礙。破壞水閘開關是最常見的事，水利會人員為了更公平使用水資源，也不得不隨時更新防範措施，甚至在半夜都還要巡視水利設施。可是代表用水秩序的鎖頭不管怎麼更新（照片1-2），總是不敵可愛農民們的「極致工藝」，一般的撬鎖早就落伍，「利用工具直接在堅硬的鋼鎖上鑽孔、潛入有重重柵欄的水閘口開水」才跟得上時代！這群深藏於田間的偷水大師個個

———

* 掌水工：嘉南農田水利會為妥善管理水資源而聘請的工作人員，多半為當地農民。關於掌水工，另詳見本書第六章。

身懷絕技，常讓水利會人員又好氣又好笑。

農村的生活雖有平靜、人情味重的一面，但遇到用水，誰都不得不現實。對此水利會人員也常使用溫情攻勢，農民有時候就會被勸說而心軟，這種夾雜著人情與現實的相處模式，在一進一退之間自有節奏。農民們為的是自己的生計，而水利會人員為的是農田用水的公平秩序，看似單純的供水之間，卻埋藏著這片土地上人們的各種拚搏。

然而就在農民與水利會的攻防戰中，嘉南平原地景也發生了變化：綠意隨著水流逐漸擴散，疏密深淺各自代表了不同作物的種植時序與生長情況。比如官田的名產「菱角」，就是在大圳的灌溉之下，與水稻、甘蔗等輪流種植。菱角田通常會先播種，也需要更多活水來孕育，引進新水時同時會排出舊水以利他用，因此在水稻田幼苗還稀稀疏疏時，旁邊的菱角田中早已綠意一片（照片1-3）。

照片1-2　工作站所展示出來的水閘門大鎖看似堅固無比，卻擋不住農民盜水的決心。
「農民已經進化到盜水3.0了！我們還在2.0。」陳豔星站長的笑話裡隱含著不為人知的辛勞。

（左頁）照片1-3　官田的菱角田。
人生載浮載沉或許不太好，但即將收成的菱角若在水中載浮載沉，肯定美味。

水稻插秧結束後，水位大概會減少一半，到了稻穗形成以及抽穗開花時又得加強灌溉，而快要收成的時候就不再給水（照片1-4）。收成前十天，必須放乾水田的水，如此水稻的根系才能往下扎根，所以從一月開始到五月的通水中間會有間斷，並非不斷供灌。

但凡事都有例外，就有年長的農民在收成前一天都還在「吃水」，他們認為如此吃水的水稻比較重，可以多秤重、多賣點錢。但其實負責收穀的農會也不是省油的燈，農會有各種儀器可以測試稻穀溼度，所以讓水稻多吃水的方法可說是畫蛇添足。

## 盛夏：一季喝到飽才行

農田收割的時節大概是五月底六月初，收成之後有一段短暫時間不需用水，這時就是維修圳路的好時機，像是修補圳路、割除雜草等，都會選在這個時候。六月初到六月下旬，也是水利會維護渠道的時機。由於主幹道水路寬二．四到十八．二公尺、深一．二到三．六公尺，又位在沒人注意的農地中，不免常從水路裡撈出「奇奇怪怪的東西」，陳站長便一再提醒要注意安全，畢竟主幹道的水流湍急，既深又闊，若有個萬一就不好了。

不過由於年中這段時間可以施工的時間較短，維護圳路的工作不會一次到位，往往是先做一部分，等進入年底再接著進行。短暫兩三個星期的圳路維修期間，也是密集的降雨期，可以說維修正是為了下半年而做的準備。

乾旱在此時差不多結束，梅雨開始為水庫帶來水量，接著進入六、七月，熱帶海域頻繁形

（左頁）照片1-4　農民駕駛收割機收穫農作。
若農田持續吃水來不及曬乾，田地泥濘就會影響收割機的運作，因此精確掌握供灌時間非常重要。

成的颱風還可以迅速升高水庫水位。颱風或許帶來了災害，卻帶來農業不可或缺的降雨，只是每到颱風來臨時，管理水庫的人無不提心吊膽，因為烏山頭水庫已有九十年歷史，與它同一時期建成的水壩多已退役，唯獨它仍在運作，靠的就是水庫的工作人員一年年細心保養與加固。

除了工程上的工作，民間信仰的儀式也不可忽視。在這段水路修護期間，各工作站都會先後舉行「圳頭祭」（照片1-5），不只是燒香拜拜，希望能夠風調雨順、安大家的心，背後還代表著嘉南大圳與自然之間的對話。除了圳頭祭之外，嘉南農田水利會在每年五月八日——也就是八田與一的忌日——當天邀請八田遺族來臺參加追思會，紀念這位被稱為「嘉南大圳之父」、改變了嘉南平原百年農業生態的工程師。

五月開始的梅雨，六、七月甚至到九月的颱風，都是嘉南平原的重要水源。梅雨、颱風所降下的雨水，就由烏山頭與曾文水庫小心保管著，「有水當思無水之苦」，誰能預料再來還會不會有雨水呢？總之，嘉南大圳的下半年供水是否足夠，就看老天爺在這段時間的心意了。

## ⁂ 秋冬：二期稻作得吃濁水

六月底，大圳繼續通水，這次的通水會直到十月底。十月底還會有「雜作水」。這是因為日治時期因應嘉南地區的氣候，實行三年一作，三年當中有一年可以種水稻，其他就是甘蔗和雜作輪作。等到一九七三年曾文水庫興建好、並與烏山頭水庫串聯之後，三年當中就有兩年可以種水稻，也就是三年二作。

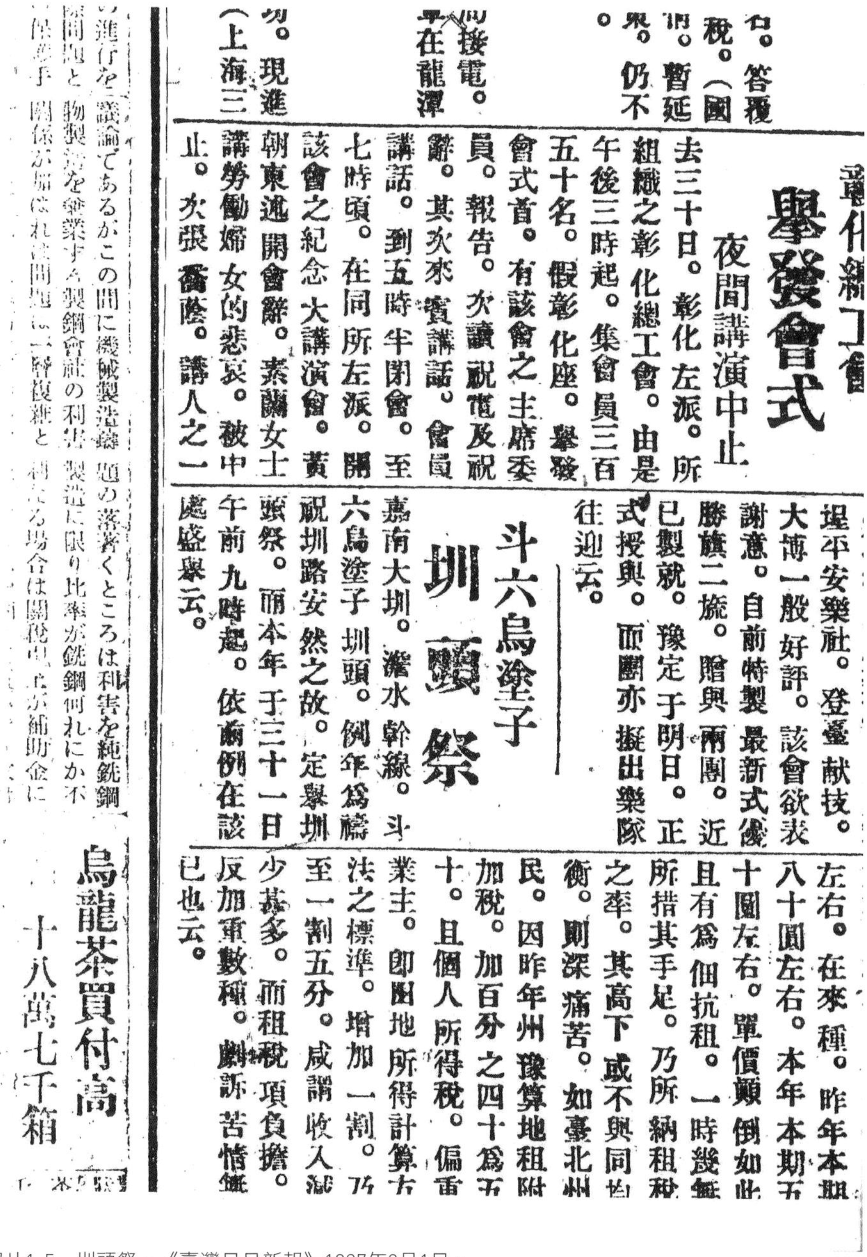
台。答覆稅。(國情。暫延果。仍不。

間接電。車在龍潭功。現進(上海三

彰化總工會
舉發會式
夜間講演中止

去三十日。彰化左派。所組織之彰化總工會。由是午後三時起。集會員三百五十名。假彰化座。舉發會式首。有該會之主席委員。報告。次讀祝電及祝辭。其次來賓講話。會員講話。到五時半閉會。至七時頃。在同所左派。開該會之紀念大講演會。黄朝東述開會辭。素蘭女士講勞働婦女的悲哀。被中止。次張喬蔭。講人之一

堤平安樂社。登臺献技。大博一般好評。該會欲表謝意。自前特製最新式優勝旗二旒。贈與兩團。近已製就。豫定于明日。正式授與。而團亦擬出樂隊往迎云。

斗六烏塗子
圳頭祭

嘉南大圳。灌水幹線。斗六烏塗子圳頭。例年爲禱祝圳路安然之故。定舉圳頭祭。而本年于三十一日午前九時起。依前例在該處盛舉云。

左右。在來種。昨年本期八十圓左右。本年本期五十圓左右。單價顛倒如此且有爲佃抗租。一時幾無所措其手足。乃所納租稅之牽。其高下或不與同均衡。則深痛苦。如臺北州民。因昨年州豫算地租附加稅。加百分之四十爲五十。且個人所得稅。偏重業主。即附地所得計算方法之標準。增加一割。乃至一割五分。咸謂收入減少甚多。而租稅項負擔。反加重數種。劇訴苦情無已也云。

の進行を議論であるがこの間に機械製造…題の落着くところは利害を純銑鋼
…問題と…物製造を兼業する製鋼會社の利害製造に限り比率が銑鋼何れにか不

烏龍茶買付高
十八萬七千箱

照片1-5　圳頭祭，《臺灣日日新報》1927年9月1日。

圳頭祭由來已久，早在日治時期位在大圳北邊的斗六就有舉行圳頭祭的紀錄。祭典由各工作站自行準備，舉行時間、方式會因各工作站的慣例而有所不同。本書第六章有專文介紹。

輪到種植水稻的農民，耕作二期稻作的時機就是在下半年，也就是六、七月播種。二期作時的水量較多，但為了節省水源，水庫在下半年二期作時，就不再放清水，也會順便放淤*。「農民會抱怨水太濁，但我都跟他們說，大家稍體諒咧、至少還有『豆漿』可以喝，如果只放清水，以後就只剩『冰沙』，大家都不用喝。」陳站長用飲品巧妙比喻水的濁度。

下半年放水時會分組，一旦水量不夠，就以組別為單位安排辦理休耕來節約水源。不過，南部下半年水量較多，通常不會全部休耕。如果該年度幸運到了十一月水量還是很豐沛，還會有甘蔗雜作，接著才會停止供灌。

下半年收成之後，趁著農閒時期，需要進行水利設施的更新改善。如同收割時田裡若有過多的水會影響收割機運作一樣，渠道的水太多也會妨礙工程進行。所以工程一般都選在十二月或隔年一月，此時水比較少。

嘉南大圳的一年就在放水、停水當中度過。如此年復一年，運行了九十年（圖1-2）。

---

* 水庫清淤：烏山頭水庫位於山區，不可能光靠卡車運送的方式將泥沙送出水庫，如果能拿捏好水與泥沙的比例，混合之後再排出，就可以有效將水庫底部的淤泥導出，再透過水圳管路將泥沙送走，一方面可以有效降低維護與運行的成本，另一方面也能延長水庫的使用壽命、增加蓄水量。最理想的目標是排出與進入的淤泥達到平衡，目前還在努力朝這方向前進。

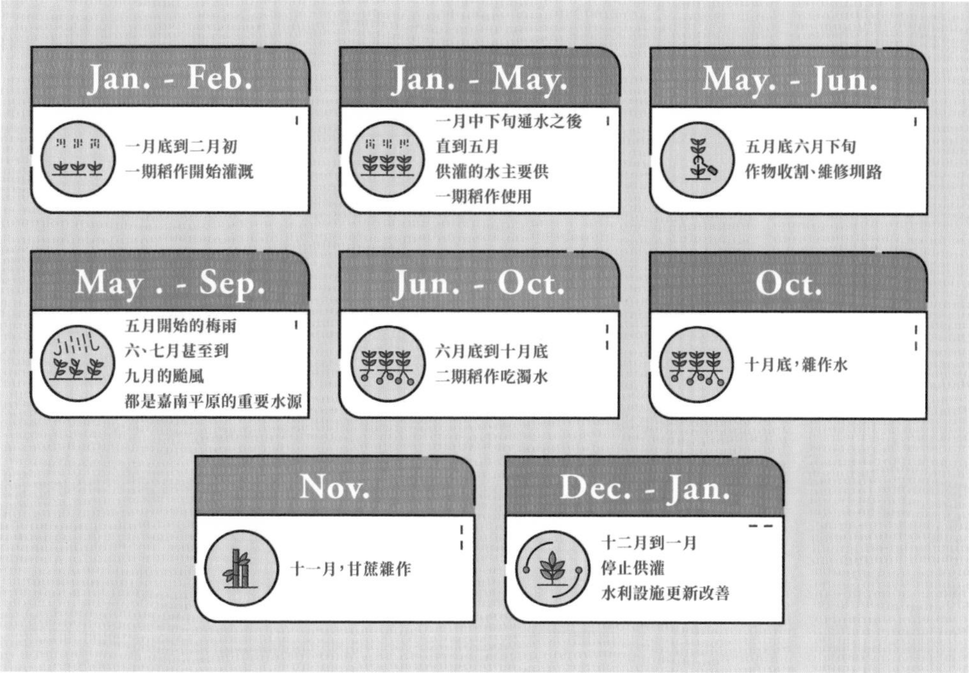
Jan. - Feb.
一月底到二月初
一期稻作開始灌溉
Jan. - May.
一月中下旬通水之後
直到五月
供灌的水主要供
一期稻作使用
May. - Jun.
五月底六月下旬
作物收割、維修圳路
May . - Sep.
五月開始的梅雨
六、七月甚至到
九月的颱風
都是嘉南平原的重要水源
Jun. - Oct.
六月底到十月底
二期稻作吃濁水
Oct.
十月底，雜作水
Nov.
十一月，甘蔗雜作
Dec. - Jan.
十二月到一月
停止供灌
水利設施更新改善

圖1-2　嘉南大圳的年度行事曆。

# CHAPTER 2

# 大圳誕生之前的故事

撰文者——張家綸、康芸甯、林佩欣

第一節

# 嘉南平原的形成與天然限制

## ⁂烏山頭水庫在海底？

嘉南平原的變化，早在人類出現之前就悄悄開始。一萬八千年前，由於氣候變暖，融冰使得海水面上升，於距今七千五百年前達到最高點，一直持續到六千年前左右才漸趨穩定。當時，臺南大部分區域仍然淹沒於海洋之中，烏山頭水庫所在的地區也不例外。

由於頻繁的構造運動，陸地逐漸抬升，加上河流不斷從上游攜帶大量泥沙，至下游河口處沉積，使得嘉南地區的陸地逐漸向外開展。在構造運動及河流沖積兩者持續交互作用下，烏山頭至拔仔林（今臺南官田）一帶形成孤丘地形，臺地陸浮的面積也越來越寬廣。

到了距今三千年前，曾文溪再次轉向西北延伸，將臺南地區分割成倒風及臺江兩個內海。與此同時，臺南臺地持續抬升，周邊海域不斷陸化，於是臺地離海越來越遠（圖2-1）。

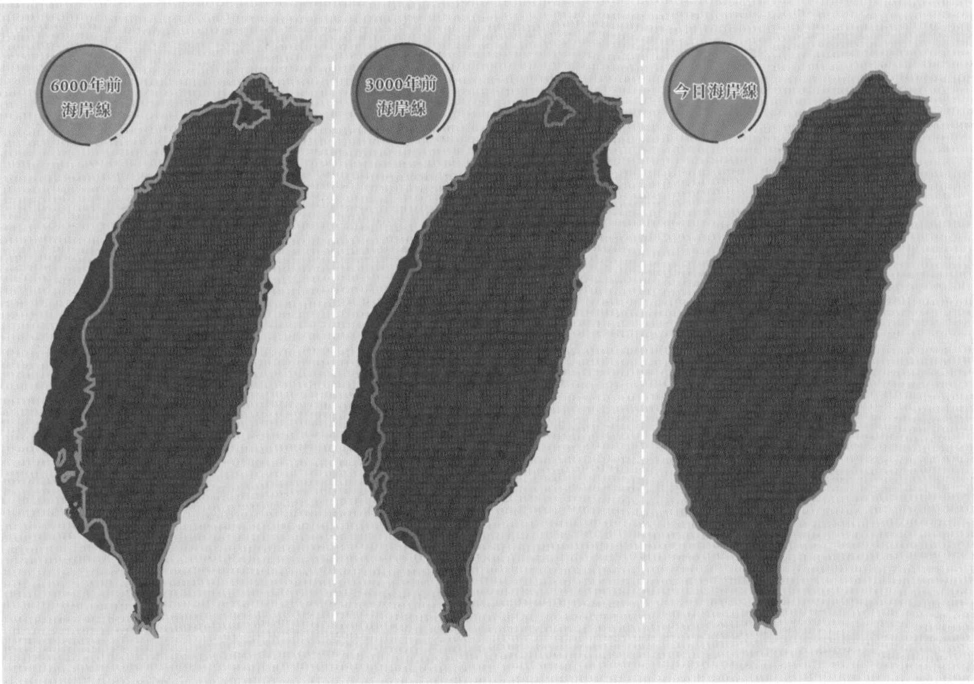


圖2-1　臺灣海岸線的變遷。
曾幾何時，那片鬱鬱滄海已幻化成為了眼前的欣欣桑田。

至於人類約在距今五千年前開始聚居於嘉南平原，到了距今一千八百年—五百年前的金屬器時代，除了沿海地帶外，人們已向曾文溪中游河系拓展，考古遺址顯示嘉南平原上不僅聚落領域擴大、人口相對增加，在文化上也相當豐富多元。

進入歷史時期之後，嘉南平原上主要分布著平埔族以及少數渡海而來的漢人。眾所皆知，一六二四年開始，荷蘭人以「大員」（今臺南）為根據地，建設城鎮作為統治臺灣的中心。接續其後的鄭氏王國和清帝國，也都以臺南為中心進行統治。

一六八三年後，隨著清帝國攻下臺灣，移居的漢人人口逐漸增加，人群從臺南迅速往外擴張，擠壓了原住民的生活空間。經過將近三十年的時間，嘉南平原上逐漸發展出臺灣府、鳳山縣和諸羅縣等各行政區域。然而，既有的農田與收成無法應付快速增加的人口，如何拓墾與增產成了維繫臺灣經濟的課題。

## 逆轉看天田：持續百年的努力

就環境而言，嘉南平原地形平坦，土壤肥沃，氣溫介於攝氏十六度到二十八度，適合種植稻米與甘蔗。然而，降雨集中在夏、秋兩季的梅雨和颱風時節，常因雨水過多而生水患；到了冬、春時節，則又因降雨過少而形成乾旱，反而不利稻米生長。至於沿海地區，更是因為土壤太鹹不適合種植農作物，形成所謂的「看天田」*。

在嘉南大圳尚未興建前的數百年，平原上的人們僅能選擇聽天由命的耕種方式，當然，也有人試圖做出努力，希望透過水利設施來調節水量。在荷蘭時期，就已經出現「荷蘭堰」**的水利設施。到了清代，由於移墾人數更多，開始大規模開發水利設施，共計興築有七十五處，光是一七一四到一七一九年間，就興築了三十二處水利設施，可見需求之大。不過嘉南平原上的農田擁有者多為小地主，橫向串連不易，所以多以陂、潭等小型水利設施為主。

伴隨開發區域的逐步拓展，對水利設施的需求也更迫切。在一八八七年雲林設縣後掀起第二波水利興築的高潮，總計清領時期二百年間共興築了一百六十二座水利設施。不過，大部分埤圳都分布在平原東側的近山丘陵區（圖2-2），這個區域緊鄰河流源頭，水量較豐沛，蓄水取水也容易，加上地勢東高西低，便於圳路依地勢輸水灌溉。特別值得一提的是，由於平原東側的圳路在清代已經完成，所以後來嘉南大圳的灌溉區並不包含這個區域。

雖說嘉南平原的東邊已有不錯的水利設施，但水圳興築仍不及耕地擴張的速度，以致農業仍以旱作居多（照片2-1）。想要突破氣溫高、蒸發快、地勢平坦與排水不易等眾多用水的限制，都需等到現代化工程技術來克服。

---

* 看天田：依照雨季的分布耕種，不依賴人工水利設施，全靠天然雨水灌溉的農田。

** 荷蘭堰：荷蘭統治時代所使用的水利工程。在水流和緩、地質鬆軟且石塊少的河川地，放置填裝草土的竹椿、竹籠形成土堤以圍水為池，又稱「草埤」。

●代表康熙年間所興建的水利設施

01. 新陂
02. 咬狗竹陂
03. 道埒圳
04. 牛挑灣陂
05. 走豬莊陂
06. 長短樹陂
07. 茄冬腳莊圳
08. 安溪寮陂
09. 劉茆莊陂
10. 打貓潭大陂
11. 頭橋陂
12. 本廳陂
13. 新莊陂
14. 朱曉陂
15. 佳走林陂
16. 打貓山腳大陂
17. 小埔姜林陂
18. 阿陳莊大陂
19. 西勢潭陂
20. 臺斗坑陂
21. 石龜溪莊陂
22. 新港西陂
23. 北社尾陂
24. 阪頭厝陂
25. 虎尾溪陂
26. 大溪厝陂
27. 尖山莊陂
28. 大竹圍陂
29. 內林陂
30. 石榴班陂
31. 大埔林陂
32. 土仔獅陂
33. 斗六莊陂
34. 他里霧陂
35. 他里霧番仔陂
36. 李望莊陂
37. 猴悶陂
38. 荷包連圳
39. 西螺引引莊陂
40. 烏山頭陂
41. 中坑仔陂
42. 洋仔莊陂
43. 槺榔莊陂
44. 鹿場陂
45. 赤山陂
46. 塗庫陂
47. 水漆林陂
48. 吳連莊陂
49. 諸羅山大陂
50. 柳仔林陂
51. 八掌溪墘陂
52. 馬朝後陂
53. 楓仔林陂
54. 烏樹林大陂
55. 打馬辰陂
56. 埔姜崙陂
57. 大目根陂
58. 新港東陂
59. 新營等莊陂
60. 王公廟陂
61. 哆囉國大陂

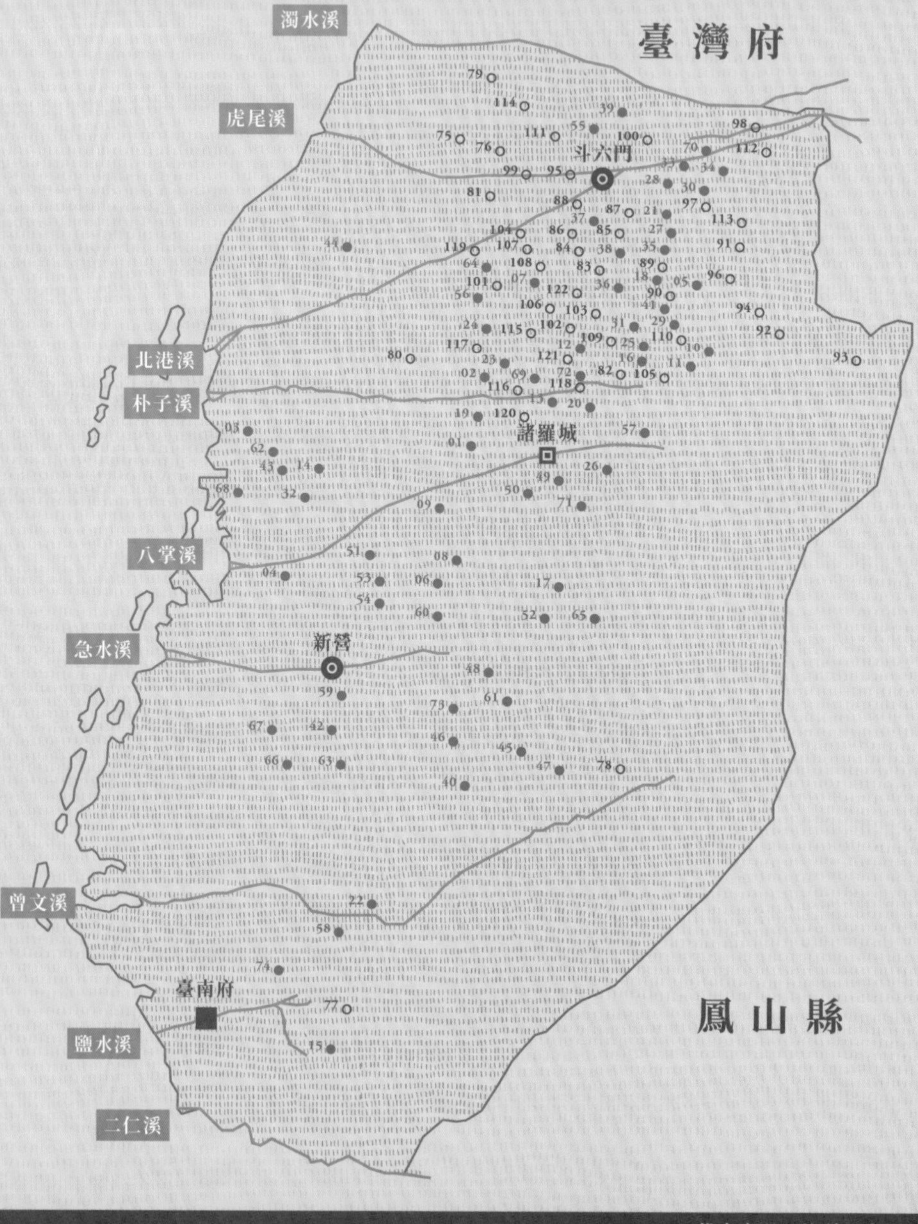


○代表康熙以後所興建的水利設施

62. 竹子腳陂
63. 果毅後陂
64. 埔姜林陂
65. 三間厝陂
66. 番仔橋灣陂
67. 林富莊陂
68. 樹林頭陂
69. 雙溪口大陂
70. 費箕湖陂
71. 牛朝莊陂
72. 番仔陂
73. 大腳腿陂
74. 嵌下陂
75. 把脊溝陂
76. 大有圳
77. 北勢埤
78. 羌仔寮陂
79. 田尾順興莊七十二分圳
80. 林仔埤
81. 通濟圳
82. 湖仔陂
83. 水碓頂下陂
84. 六十甲陂
85. 柴裡莊陂
86. 老江陂
87. 觀音陂
88. 后莊仔陂
89. 高林仔陂
90. 頂下港陂
91. 竹仔腳陂
92. 海豐崙陂
93. 老發陂
94. 社口陂
95. 保長廍陂
96. 黃林仔頭陂
97. 水碓三圳
98. 林內清濁圳
99. 虎尾溪圳
100. 番仔埤圳
101. 茄冬腳埤
102. 林仔埤
103. 溝心陂
104. 石圭溪陂
105. 梅仔坑圳
106. 竹頭角陂
107. 將軍崙陂
108. 舊社陂
109. 新莊陂
110. 南勢陂
111. 十三莊圳
112. 新脩圳
113. 崁頭厝陂
114. 大義崙埤
115. 鹿堀溝埤
116. 青埔陂
117. 柳仔溝陂
118. 好收莊陂
119. 柳樹腳莊陂
120. 十四甲圳
121. 內林圳
122. 溫厝南埤

照片2-1　人力灌溉。
在尚未建設大圳之前，傳統的灌溉方式便是以人力搬運取水，效率低下且影響產量。

（右頁）圖2-2　清代嘉南平原的水利分布。
從圖中明顯可以看出康熙以後新興築的水利設施集中於雲林一帶。
圖片內容取自陳鴻圖《水利開發與清代嘉南平原的發展》。

## ⁂想要水？就用械鬥決一勝負吧！

清代臺灣的水利開發模式承襲當時華南地區，通常由民間自辦，有時候是墾戶與業戶*投資，也有地主與佃農合築或村民群體共同合辦。須知開發水利設施雖是造福大眾的事，但終究是投資事業，一談到利益就沒那麼簡單。從前期築埤開圳，到後續收租管理都是私人經營，水利設施視同私產，也可以自由買賣。官方只在開發之初透過行政文書來管理，如果遇到糾紛才出面仲裁，相當被動。

私營水利設施聽起來便利自由，但是這些水圳通常在同一水源下各自築圳導水，缺乏全面規劃——即使是少數跨越數庄的大圳也會出現怠於修繕、年久失修的問題——導致水資源分配不均，對農業發展造成極大阻礙。

當水源足夠時，彼此還能維持秩序，按水分或輪灌等慣例進行灌溉分配。一旦缺水就麻煩

照片2-2　官方立下石碑，禁止人民私墾滋事。
例如：竹東頭重埔「奉憲示禁碑」與「申約併禁碑」，立於清咸豐年間，記載乾隆41年有53位閩客籍業戶承墾土地，官方明文禁止恃強侵墾、刁橫違禁等情事。現保存於竹中國小。

了，農民大打出手是家常便飯，村內村外糾眾械鬥的原因也常常是因為爭水，情況嚴重時甚至造成社會大動亂。

如果因此鬧上官府，官方又會怎麼處置呢？清代官員想到的方法就是：「勒石示禁，豎立碑所」——簡單解釋就是在和解之後立下石碑來提醒雙方（照片2-2）。

有沒有用呢？當然是沒有用啦！

---

＊墾戶與業戶：向地方官府依法申請許可後進行投資招佃、開墾的開墾者稱為墾戶，等土地墾成升科（即原來未納稅的荒地「上升」為必須納稅的田地），在法律上取得業主的資格時，就會稱作業主或業戶。

第二節

# 日治初期的水利政策

## 通通收來國家管

日本接收臺灣後，經過了一段動盪時期，進入二十世紀後，各方面逐漸步入正軌，社會日趨穩定，總督府也開始在農業水利事業上力圖發展。

日本的治臺方針，首先在於振興臺灣農業，並確立發展米、糖兩大作物足以供應殖民母國的基本原則*。

不過嘉南地區的降雨分配不均，卻是不利稻作生長，況且還有清代的老問題——種植甘蔗的「園」面積遠大於種植稻的「田」——無法獲得解決。因此若是想要大量增產，除了持續開闢土地之外，水利建設的配合措施便十分重要。

一九〇一年時，第四任臺灣總督兒玉源太郎在演講中指出：「現在臺灣島內的特產中，年產量第一位的是稻米，廣大的水田受惠於優良的氣候風土條件，作物雖能成長，但沒有現代化的水利建設，以致產量受到限制，品質也不佳。」怎麼解決這個問題呢？兒玉說：「若能建設水利設施，改善耕作技術，產量增加三倍指日可待。」從兒玉的言論可以知道日本人對這塊殖民地的期待。

日本在調查了舊埤圳，了解水資源分配實際狀況後，認為私營水利設施不利管理。此後，總督府進行一連串整併，先將小圳整合為單一系統，又將較大型埤圳一律指定為公共埤圳，由官方統一管理。此措施改變了地方社會的生態，不僅使總督府強勢介入農業生產，也影響了水權觀念及水利組織的改變，「現代化的水利建設」遂成為下一個時代的目標。

---

＊

臺灣糖業的發展：清朝時期臺灣製糖的地方稱為「糖廍」，當時用牛力榨蔗取汁，再以孔明鼎熬糖，相當沒有效率，產量也很低。一八九九年，跟隨第四任總督兒玉源太郎來臺的民政長官後藤新平，致電給甫獲得農學博士學位的新渡戶稻造，請他來臺灣協助發展糖業。新渡戶考察了爪哇的糖業之後，於一九〇一年向總督府提出了《糖業改良意見書》，條陳振興、保護臺灣糖業之策。次年，帝國議會以該意見書為藍本，通過了《糖業獎勵規則》：以補助資金、確保原料、保護市場三方面措施，獎勵糖廠購買新式製糖機器。該政策促使新式製糖會社在臺灣大量建立，全臺灣的蔗糖產量從一九〇二年僅三萬噸，增加到兒玉、後藤末期的六萬噸，一九三七年突破了一百萬噸，二次世界大戰時更達到了一百六十萬噸的最高生產量。

## ⁂太陽旗在烏山嶺

相對於嘉南平原的繁榮，沿山的開發腳步顯得緩慢許多。十七世紀末，由於移墾人數逐漸增加，促使漢人從沿海與平原地區往山區移動，甚至進入原為原住民的領地。一七二〇年朱一貴事件後，基於治安考量，清政府首度「豎石立界」，限制漢人和熟蕃往山林開墾。然而，官方的限制始終抵擋不住人民的腳步，多次劃定界限仍無效果。

漢人的入墾壓縮了原住民的生存空間，迫使原住民必須遷往其他地方求生存。結果原本以平埔族為優勢的臺灣社會，在不到一百年時間，幾乎被漢人取代，族群之間的來往頻繁，但衝突也層出不窮。

漢人在這些地方的開拓，除了尋找生存之地外，部分亦是為了當地的山林資源，舉凡與木材和山產有關的，都是可供人們開採的重要資源，有時往往淪為濫墾。

例如沿山地區的玉井盆地，早在清代已有漢人入墾，但主要是作為採集、放牧的場地，直到日本統治前，該地仍未獲得很好的利用。這種情況也發生在烏山頭一帶，從所附照片來看，在烏山頭水庫尚未動工前，上游的山區即是人們放牧牛隻的場所，河岸則放養家禽（照片2-3、2-4）。

總而言之，在日治時代以前，包含嘉南平原，東邊丘陵淺山地帶也大多為漢人占據，並依照土地利用以及人口聚集程度的不同，出現以漢人文化為中心的城鎮和市街。更往高處的山林，才交錯著原住民部落以及人跡罕至的大自然。

照片2-3、2-4　烏山頭水庫尚未建築前人們在上游山區放牧牛隻。

然而日治初期，人煙稀少的山林地帶成為反日人士的藏匿之處，當然也成為軍警搜索的目標，烏山嶺就曾出現過反抗者的蹤影而遭到調查*。而後總督府為有效開發臺灣土地，進行了大規模的土地和林野調查，完成調查後又鼓勵日本資本家進入山地開發。這種種行動雖然有效利用與開發了荒地，也擴大了日本資本在臺灣的勢力，卻讓原本依賴山林為生的人民失去生計來源，衍生不少事端。

隨著武裝抗日事件逐漸平定後，加上林野調查完成，日本國家力量正式進入沿山地帶。臺灣總督府引進甘藷、旱稻、甘蔗、鳳梨和苧麻等作物，在政府主導、資本家協力的資本主義結構下，淺山地區逐漸從漢人為中心的墾荒地帶，轉換成具有濃厚殖民和資本色彩的新地景。

如果當時有空拍機可以記錄大圳開鑿前夕的嘉南平原，可能可以看見這樣的景象：現代化的都市、準備興起的新市鎮以及不時遇到乾旱而生產效益低下的農田，彼此交錯並存；至於山林地帶，淺山則散布著幾戶人家，正種植著總督府引入的新作物。這些不同政權統治痕跡的交雜層疊，正等待著即將到來的大圳工程。

---

* 發生在烏山嶺附近的抗日事件——噍吧哖事件：一九一五年，由於當地人民不滿日本官方實施林野調查後將土地收歸國有，加上政府不顧天災要求人民繳交定額甘蔗，遂在余清芳等人領導下起而反抗。

第三節

# 米的日治臺灣史

## 你阿嬤吃的米不是你吃的米

米是亞洲諸國的主食，但是你吃的米跟你父母、阿公阿嬤吃的是同一種米嗎？很可能不是喔！

十七世紀初的文獻《東蕃記》中曾經記載臺灣：「無水田，治畬種禾，山花開則耕，禾熟，拔其穗，粒米比中華稍長，且甘香。」「畬」即是旱田的耕作方式，「禾」則是旱作的稻，也稱陸稻。後來，隨著漢人大舉移居臺灣，順勢移植了原鄉的耕作經驗與水田小區、精耕的經營模式，也引進當時的常用品種，於是原有的旱稻種原隨之被中國稻作主流——糯米與秈米所取代（照片2-5）。

日治初期日本對臺灣稻米種類曾進行調查，結果顯示十九世紀末的臺灣總共有四百零三種稻米（水稻三百七十九種、陸稻二十四種）。水稻品種當中，又分成秈稻二百九十種、糯稻八十九種，顯示臺灣已大量種植秈米。

口感乾爽的秈米對當時臺灣人而言是習以為常的滋味，但日本人可吃不習慣。一八七三年，臺灣尚未割讓給日本，年輕的日本軍人樺山資紀祕密來臺進行調查和探勘，他怎樣也想不到，二十多年後，自己竟成了第一任臺灣總督。據說樺山在臺灣調查期間最不能適應的就是米飯，熱飯乾而鬆散，冷飯不黏也不香，讓他食不下嚥。

臺灣秈米有這麼難吃嗎？其實這是雙方飲食文化的差異所致。日本種植的「粳稻」較有黏性，其中最具代表性的食物就是壽司跟飯糰，鬆散的臺灣米完全不是日本人喜歡的口感，當然會覺得難吃了。

## 臺灣米淹腳目：臺灣成為帝國米倉

明治維新之後，日本逐漸步入現代化，大量人口離開農村進入城市，農業產量無法滿足所

照片2-5　糯米（左）與秈米（右）。
糯米外觀為不透明白色，口感較硬，煮後帶點黏性；秈米即是日本人俗稱的「在來米」，外觀為細長形，比較不黏。

需。日本政府雖試圖透過進口米糧來補充，但是隨著人口成長，米價始終居高不下，加上日本米一年只一穫，糧食供應有其風險。反觀臺灣米一年兩穫，生產相對穩定，於是在取得臺灣之後，當然就希望透過殖民地來解決母國的糧食問題。

因此，「農業臺灣，工業日本」就成了殖民統治的發展方針，總督府在臺灣採行米、糖二元發展的策略，積極推動農業改革工作，前述的私營水圳收歸國有、建設現代水利設施，都是在這個目標下推動而成。

一九〇四年日俄戰爭爆發，激烈的戰爭讓日本產生嚴重的經濟恐慌，此時臺灣米不僅早成為日本本土重要的糧食來源，也曾支援前線，重要性大為攀升。為了確保輸入日本的臺灣米安全無虞，同年總督府開始實施「移出米檢查規則」，對臺灣輸往日本的稻米執行嚴格的品質檢查（照片2-6）。

戰爭結束之後，日本國內的稻米不足問題浮上檯面，為確保母國的糧食供給，總督兒玉源太郎認為應該將臺灣的稻米生產納入日本糧食供需體系。於是總督府開始執行多項農業政策，計畫在臺灣進行稻米增產，並開始嘗試改良品種*，努力讓臺灣米更為日本人接受。

---

* 改良稻米品種：一九〇〇年開始，總督府就創設了農事試驗場，引進日本品種進行栽培試驗，想要改良在來米，使在來米可以符合日本人口味。但實驗一直不順利。一九一三年，總督府農事試驗場技師磯永吉與同事一同登山時，對臺北竹子湖一帶的地形留下深刻印象。為了增進臺灣米的品質，磯永吉於一九一九年前往歐美學習農產品改良技術，回到臺灣後就挑選竹子湖試種日本米，終於在一九二一年獲得成功。不過，初期日本種稻米只限於臺灣北部才能收成，尚無法普及全臺，直到臺中州農事試驗場技師末永仁將秧期縮短，日本米才成為可以穩定在臺灣收成的作物。一九二六年，日本米穀大會在臺北鐵道飯店召開，總督伊澤多喜男將新品種的稻米命名為「蓬萊米」，一時聲名大噪。而後又進行改良，改善了蓬萊米的抗病性，於一九二九年獲得新品種「臺中六十五號」。從此以後，價格好又容易種的「臺中六十五號」一直穩坐種植面積寶座，成為蓬萊米的代名詞。

(明治三十一年五月九日第三種郵便物認可)

# 府報

第千五百七十五號

明治三十七年八月九日（火曜日）

臺灣總督府

(明治三十七年八月九日臺灣日日新報第千八百八十二號附錄)

○府令

府令第六十號

內地移出米檢查規則左ノ通相定ム

明治三十七年八月九日　臺灣總督　男爵兒玉源太郎

內地移出米檢查規則

第一條　臺灣產米穀ヲ基隆港ヨリ內地ニ移出セントスルトキハ檢查ヲ受クヘシ

第二條　檢查ハ檢查所ノ所在地ニ於テ檢查員之ヲ行フ但シ事宜ニ依リ米穀所在地ニ就キ檢查スルコトアルヘシ

第三條　檢查ヲ受ケントスル者ハ手數料ヲ添ヘテ米穀ノ袋數ヲ檢查所ニ屆出ヘシ

手數料ノ額ハ別ニ之ヲ告示ス

第四條　檢查ハ見指法ヲ用井各袋ニ就キ之ヲ行フ但シ檢查員ニ於テ必要ト認ムルトキハ解袋スルコトヲ得

第五條　米穀ノ等級ハ臺灣總督府ノ定ムル標本ニ依リ品質ノ優劣、粒形ノ齊否及混合物ノ多少ニ從ヒ一等、二等、三等及等外ノ四種トス

第六條　碎米、籾、粃、稗、土砂、塵芥等ノ混入多ク檢查員ニ於テ必要アリト認ムルモノハ再調ヲ命スルコトヲ得

第七條　檢查ヲ行ヒタルトキハ其ノ月日及等級ニ應シタル證印ヲ各袋面ニ押捺ス

第八條　檢查員ニ於テ必要ト認ムルトキハ臨時再檢查ヲ行フコトヲ得

第九條　檢查上使用スル證印ノ雛形左ノ如シ

證印(外徑四寸、肉幅二分、各等級線ノ長サ二寸、同上間隔四分)

一等　二等　三等

等外

第十條　檢查ノ證印アル古袋ハ檢查所ニ於テ消印ヲ受クルニアラサレハ米穀ヲ內地ニ移出スル爲再用スルコトヲ得ス

第十一條　檢查ハ屆出ノ順序ニ依リ日出後日沒前ニ於テ之ヲ行フ

第十二條　第一條及第十條ニ違背シ又ハ左ノ各號ノ一ニ該當スル者ハ二百圓以下ノ罰金ニ處ス

一　臨時ノ再檢查ヲ拒ミタル者

二　檢查ヲ免ルルノ目的ヲ以テ詐僞ノ手段ヲ行ヒタル者

三　檢查濟ノ袋米ニ不正ノ手段ヲ加ヘタル者

附則

本令ハ明治三十七年九月一日ヨリ之ヲ施行ス

府報　第千五百七十五號　明治三十七年八月九日　一〇

照片2-6　移出米檢查規則。

1904年，臺灣總督府頒布「內地移出米檢查規則」12條。

## ⁂ 家庭主婦意外啟動大圳建設計畫

第一次世界大戰（一九一四—一九一八年）的爆發，讓遠離戰場的日本工業發了戰爭財，詎料隨之而來的通貨膨脹卻引發了「米騷動事件」，幾乎動搖了日本的國本。

這事件的遠因是日本長期米糧不足，吃不到米、物資貴得離譜一直讓百姓心中憋著一把火。導火線則發生在一戰末的一九一八年，日本眼看俄國發生革命，決定出兵西伯利亞擴大在亞洲大陸上的利益。消息一出，米商紛紛囤積白米，想再發一筆戰爭財，結果卻導致日本國內白米價格暴漲。

米價飆漲讓人直呼活不下去，日本一女工就曾投書報紙，她說自己一家三口人每月收入二十一到二十二圓左右，在付完米錢和房租後，買菜錢就沒了，這怎麼生活呢？

後來，不只是升斗小民活不下去，就連有國家供給的警察與監獄單位也都有類似的難題。俗話說：「惹熊惹虎，毋通惹到恰查某。」米價的飆漲讓家庭中擔任採買的媽媽們義憤填膺。一九一八年，二百多名買不到白米而忍無可忍的富山縣主婦聚集街頭，群起要求官方降低米價，抗議不果之後，氣憤的主婦們最後竟然衝進米店搶米，甚至與警察爆發了激烈衝突（照片2-7）。

這場「家庭主婦的逆襲」很快蔓延全國，名古屋、京都等主要城市都發生搶米暴動。數日後，大阪市民和工人暴動，搶光了二百五十多家米店；隔天在米商最集中的神戶也爆發幾萬名市民暴動，米店損失慘重，有的大商人不只店鋪遭到攻擊，連住宅也被憤怒的市民一把火燒掉。

米騷動總共波及三十八個城市，約一千萬人參與其中，就連首都東京也無法倖免。警察雖加強戒備，在各米店、工廠和富人住宅前加了崗哨，仍無力鎮壓，日本政府只好出動軍隊，花了一個多月才暫時平息。

米騷動後，日本政府意識到事態嚴重，開始整治零售業，也注意到必須確保穩定的糧食來源。於是日本政府斷然採取了殖民地的稻米增產措施，並著手規劃建設作為稻米生命線的水利灌溉設施。

米騷動不僅導致原有的內閣下臺，也讓臺灣至此走向文官總督體制，進一步對臺灣實施同化政策、內臺一體*等政治方針。為解決國內缺糧問題，日本對臺灣和朝鮮進行了更積極的稻米增產措施。

比起稻米一年僅能夠有一穫的朝鮮和日本，一年足以兩穫的臺灣，在糧食生產上顯然更具有優勢。而且日本米一年只有十月收割，臺灣則可

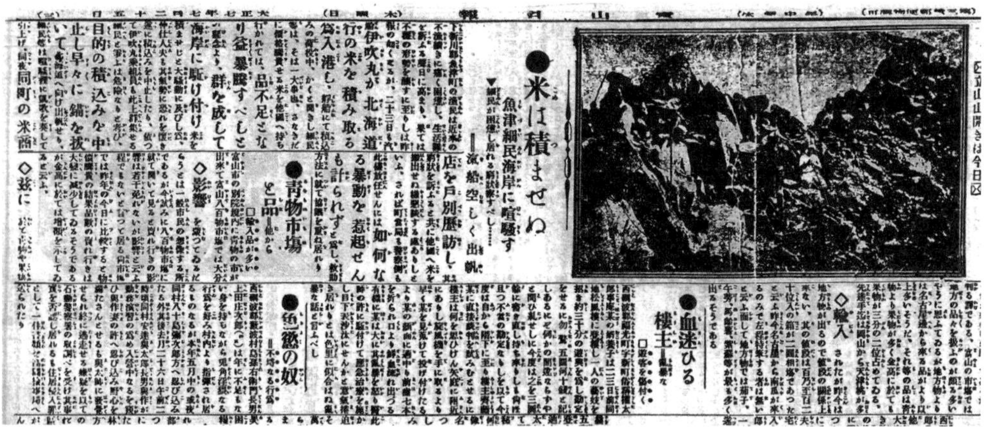
米は積ませぬ
魚津細民海岸に喧騷す

照片2-7　米騷動當時的新聞報導，《富山日報》1918年7月25日。

以在五月至六月、十月至十一月間收割兩次。更進一步來說，臺灣米可以在日本的舊米用盡、新米尚未收成前補充國內所需的產量。

面對來自殖民母國的壓力，臺灣總督府一直不斷尋找可栽培水稻的水田用地，並計畫建設灌溉工程。然而，原本十年計畫的官設埤圳工程，接連受到自然災害的影響，工程一再變更，最需要水的嘉南平原官設埤圳工程遲遲沒有進展。

歷史就是這麼巧妙，在米騷動尚未爆發前的一九一七年，總督府技師八田與一就曾提出「官佃溪埤圳計畫」來改善嘉南平原的農業用水問題，不過當時並未通過預算案。直到米騷動發生之後，政局紛擾不安，日本當局感受到相當大的壓力，在增產糧食的迫切需求下，終於批准上述建造案，嘉南大圳的建造計畫由此啟動！那些點燃了米騷動的富山縣主婦們大概永遠不會想到，她們的舉動竟意外改變了臺灣吧！

---

＊內臺一體：即是將殖民地臺灣視為內地的延伸，直接適用本國法律，作為本國領土來統治的政策。

# CHAPTER 3

# 建設大圳：從藍圖修改到工安事件

撰文者——郭婷玉

第一節

# 要選哪一款大圳？

一九一九年米騷動事件過後，日本國會通過了「官佃溪埤圳計畫」，經過籌備期後，一九二〇年九月，嘉南大圳終於開始建造。這個計畫預估花費四千二百萬圓，與當時臺灣總督府的歲入相比，一九一九年臺灣總督府特別會計歲入確定收入額度為一億二千零二十七萬五千八百四十八圓，不過是埤圳計畫的三倍多左右。「官佃溪埤圳計畫」這麼一大筆金額，也難怪日本國會無法一次就過關了。

從前面章節我們已經知道嘉南平原的先天不足，平原地區的水田比例僅占總耕地的三分之一，以縱貫鐵路為分界，鐵路以西如北港、北門一帶，由於水源缺乏，水利開發成效有限，幾乎都是看天田及鹽分地；反而是鐵路以東的近山丘陵地帶，如斗六、嘉義、新營等地，由於水源較為穩定及早期水利建設較多，水田化的比例較高。但光是以這樣的條件，要達到總督府期待的產量顯然是不可能的。

總督府一直希望解決「看天田」的問題，也曾經多次派技師前往嘉南地區調查建造水利設施的可能性，卻總是無功而返。有心卻無處施力，總督府多少有點半放棄的心態——完全不是後來官方宣稱的「高瞻遠矚」——沒想到這一切會因為一個死纏爛打的官員而峰迴路轉。

一九一六年，出身沖繩、畢業於東京帝國大學法學院的相賀照鄉，成為新任的嘉義廳長，他注意到轄區內的農田苦無水利灌溉，正覺得憂心，聽聞桃園大圳開工，便立刻向總督府民政部土木局提出要求，希望在嘉南平原上也建造像桃園大圳那樣的水利設施。

以往我們所熟知的官方說法是：總督府原就有意建設嘉南平原，遂順應地方政府提出的要求，派出畢業於東大土木工學科、協助設計桃園大圳的技師八田與一前往當地評估調查。

不過，歷史的真相多的是「無心插柳柳成蔭」。根據八田與一於一九四〇年發表於《臺灣的水利》（台湾の水利）雜誌回憶來臺從事土木建設過程的文章〈臺灣土木事業的今昔〉（台湾土木事業の今昔），土木局那次派遣調查本來只是打算派人打發相賀照鄉而已——行前，土木局的長官（技師）山形要助「叮嚀」他：「相賀君是外行，不了解那邊的地形，才會要求『在那裡也建造像桃園那樣的儲水池』（照片3-1）。其實去年我們早就在南部做過調查，卻沒有得出可行方案。反正你現在剛好手邊沒有工作，就去一趟嘉義隨便看看吧。」

甚至，就連調查時間也被長官以「調查很多次了」打了折，從四週改成兩週。

可見總督府內部其實對這計畫沒什麼信心，只是想敷衍吵著要建設的相賀照鄉而已。不過，相賀照鄉倒也不單單是「外行」官員。他在日本關東州任職後，一九一五年轉職到臺灣的第一個職位即是擔任土木局庶務課課長，雖然僅任職一年就轉任嘉義廳長，亦可推測他與山形

照片 3-1　桃園埤塘。
桃園地形為臺地，河流短，集水區小，留不住水，故多興建埤塘儲水，被稱為「千塘之鄉」。照片中遠方地平線處隱約可見桃園國際機場。

要助互相認識，可能也對於土木局曾幾度考量建設嘉南地區水利設施心知肚明，所以才會提出要求。

不僅如此，相賀還在一九一九年回任土木局（同年改制直接隸屬總督府）局長，隔年換山形要助擔任臺灣總督府土木局局長（一九二〇—一九二一年），之後他又續任該局局長（一九二一—一九二四年）。由此可見，相賀照鄉在臺灣土木界任官的生涯頗長，和山形要助等實行者互相熟悉，對推動、實行大圳計畫亦必然有所建樹。從這點再回頭審視上述山形要八田「隨便看看」的意見，可能是對相賀這位舊同僚的玩笑話呢！

不管怎麼說，從事後來看，所幸年輕的八田與一並沒有聽從山形要助的指示「隨便看看」。八田一抵達嘉義實地調查後，發現當地雖然無法複製桃園大圳的工程（圖3-1），官佃溪上游卻能建造大型儲水池，遂提出了「官佃溪埤圳計畫」：建造蓄水池為水源供給灌溉用水，並興建排水設備，預計可灌溉嘉南平原七萬五千甲土地。

總督府將八田與一提出的計畫送交議會審查後，在內閣會議中遭到管理財政預算的大藏省以「調查不充分」、「太過理想化」駁回，建設計畫頓時陷入停滯。

然而在《臺灣日日新報》報導總督府有此計畫後，嘉南地區農民為之振奮，甚至主動表示願意承擔官方預算不足部分的經費及勞力。還有民眾直接前往官廳請願，也有人提出數十件請願書，據說各街庄動員人數一萬多人。雖然《臺灣日日新報》立場偏向總督府官方，但也可藉此窺知當時民眾對大圳計畫確實抱持期待。

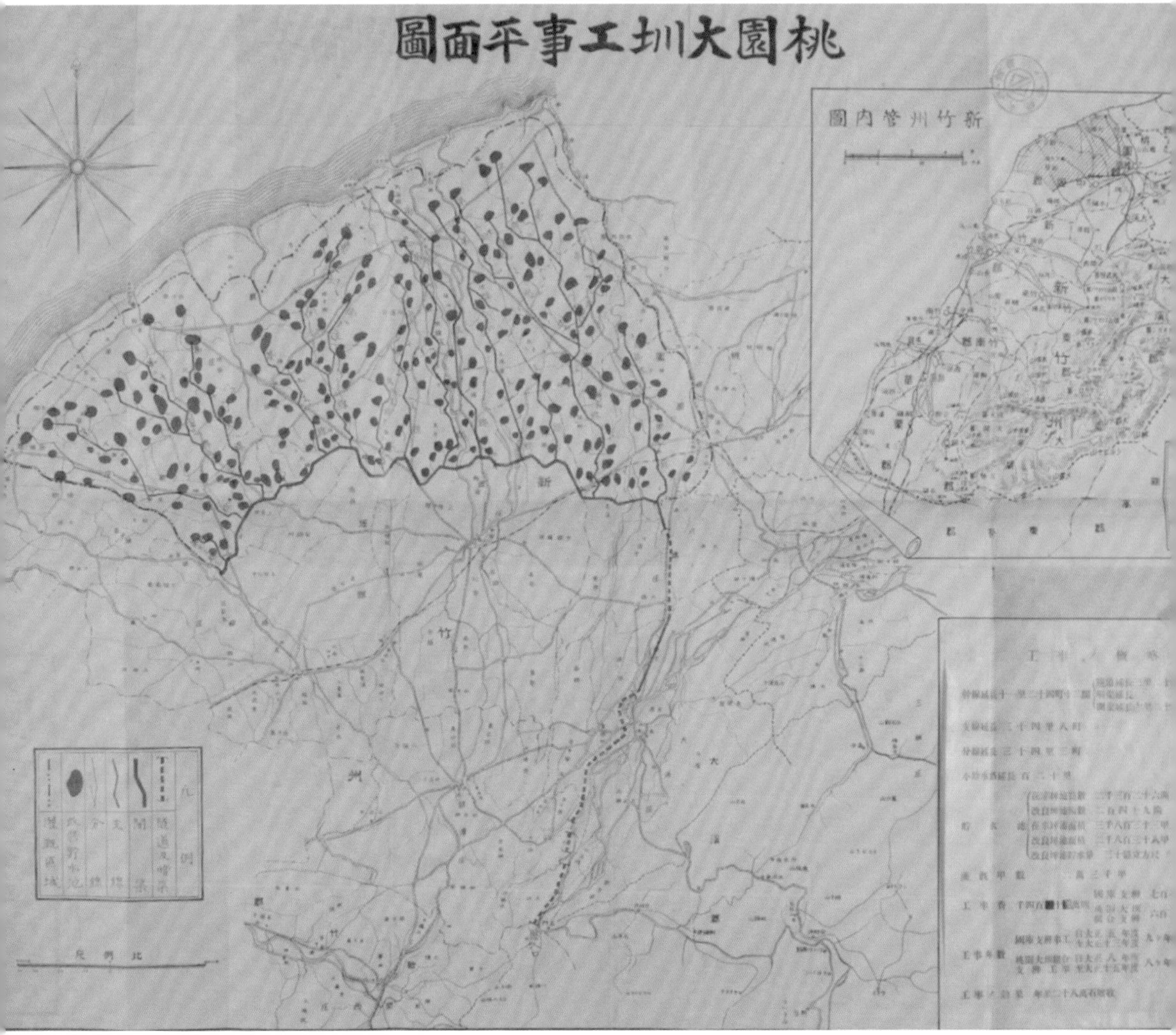


圖 3-1　桃園大圳平面圖。

桃園大圳是藉由 12 條支線串連埤塘所形成的水利系統，與嘉南大圳採取在上游闢建大型儲水池（烏山頭水庫）為主要水源的工程截然不同。

不過，從事臺灣民族運動者所興辦的《臺灣民報》則有不同報導*，指出上述請願書中有不少是警察半強迫農民簽名蓋章，部分農民對於大圳工程要求繳納「臨時賦課金」等費用、強迫配合三年輪作制度其實相當反感。

由此我們不難想像，推動大圳建設的主力還是總督府，部分贊同計畫的農民可能是被官方當作陪襯，或是事後宣傳建設臺灣政績的一環。

儘管暫時被議會退回，大圳計畫的推動很快又因一九一八年米騷動事件迎來轉機，終於順利通過審議，正式開始動工。

需要注意的是，嘉南大圳是以「公共埤圳嘉南大圳組合」（原稱「公共埤圳官佃溪埤圳組合」，一九二一年更名）的名義來建造，「組合」在日文中的意思是「組織」或「會」，屬於民間團體，而不是「局」或「司」之類隸屬於總督府的政府單位。嘉南大圳的「前輩」桃園大圳在一九一六年建成後，於一九一九年成立「公共埤圳桃園大圳組合」，也是類似的道理。「埤圳組合」即表示嘉南大圳是屬於民間的公共埤圳，總督府只是從旁協助而已。因此，預估的工事費，也相應由埤圳所有關係者組成的組織、地主等負擔了八成費用，總督府只給予部分財政補助一千二百萬圓（從一九二〇年以後分六年編列預算）（圖3-2）。

---

* 日治時期的臺灣報紙：一八九八年所發行的《臺灣日日新報》是官方色彩濃厚的報紙，讀者主要是在臺日人或是臺灣社會領導階層。《臺灣民報》則是一九二三年在東京創刊，一九二七年遷回臺灣，配合臺灣文化協會的活動，為民眾發聲，漸漸成了當時臺灣重要的言論媒體。《臺灣民報》時常犀利批評各地官廳蠻橫霸道的日、臺官吏，可說是殖民統治者的照妖鏡，而《臺灣日日新報》並非不會批評執政當局，但相比之下用語溫和許多。

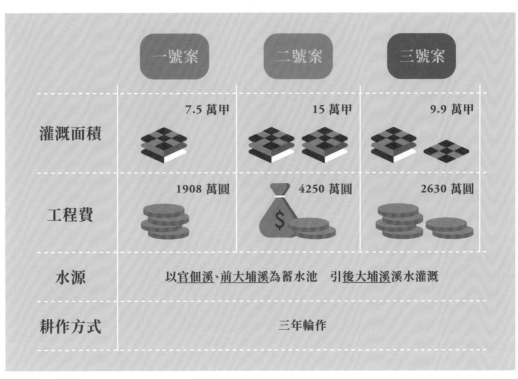

| | 一號案 | 二號案 | 三號案 |
| --- | --- | --- | --- |
| 灌溉面積 | 7.5 萬甲 | 15 萬甲 | 9.9 萬甲 |
| 工程費 | 1908 萬圓 | 4250 萬圓 | 2630 萬圓 |
| 水源 | 以官佃溪、前大埔溪為蓄水池　引後大埔溪溪水灌溉 | | |
| 耕作方式 | 三年輪作 | | |

圖 3-2　嘉南大圳的建設方案選項。

確定可以興建嘉南大圳後，總督府便著手精算大圳建設的規模與費用，經過幾番討論，提出了 3 個方案。從圖中可以看出共通點是三年輪作的耕作方式跟水源，最大的差異則在灌溉面積與工程費。最後，總督府決定採行折衷的三號案，並於 1919 年 8 月成立「公共埤圳官佃溪埤圳組合」，正式推進嘉南大圳的建設計畫。

方案看似底定，卻在同年十月再次修改。這是因為日月潭發電工程完工，可供利用的濁水溪水量增加，所以總督府決心調整第三案，將嘉南平原北部五萬二千甲土地也納入灌溉範圍，灌溉面積增為十五萬甲，總工程費也增加至四千二百萬日圓。不過，總督府並沒有增加預算，仍維持補助一千二百萬日圓，其餘三千萬日圓則由水利組合等關係人以逐年償還方式來分擔。

決定方案後，就要決定施工方法，八田非常清楚，嘉南大圳計畫的規模單靠人力來建造是不可能的，必須倚賴機械幫忙。雖是如此，大倉土木組、鹿島建設、住吉組、黑板工業等工程承包業者卻不這樣想。

因為採購器械的費用太高，幾乎是工程費的十分之一，這些業者拒絕改為機械化建造方式。他們爭辯道──雖然現在看來實在有點好笑──「像以往一樣使用人力，照樣能建造堰堤」、「就算想使用機械，也沒有懂得操作的技術員」。對於這些令人啼笑皆非的回答，八田著眼於「利益」來說服：「以人力建造這種堰堤，不要說十年，就算花上二十年也建不成。工期延遲將使十五萬甲土地長眠在不毛狀態。雖然機械貴，但只要能縮短工期，就能提早獲利。以結果來說，這是划算的買賣。」

八田為了引進機械建造大圳，不僅帶領技師赴美考察水壩建設技術，也親自負責從美國與德國購買大型土木機械，包括大型蒸氣怪手、傾倒車、巨型幫浦車、五六噸火車頭、大型混凝土攪拌機等（照片3-2、3-3）。購買大型機械花費四百萬圓，約占了堰堤工程與烏山嶺隧道工程費的四分之一。此外，八田也積極培養操作機械的技術員，可以說為臺灣土木開發產業同時增添了技術人才與大型機械。這些為了建造大圳而引進的大型機械，在其後開闢基隆港與其他地方建設時發揮了巨大效果。

整體而言，嘉南大圳計畫之創新、使用機械之精良，可說是當時亞洲最尖端的工程。

照片 3-2　大型蒸氣怪手掘鑿濁幹線。

照片 3-3　興建烏山頭水庫時使用的大型機械。

前方為當初八田與一引進用以運送材料、建造大壩的蒸汽式火車頭，一旁則是原裝設於水庫導水路終點、南北幹線起點的分水閘門。現皆展示於烏山頭水庫，成為此項水利工程的歷史見證。

第二節

# 一九二〇，大圳開工！

經過一年籌備，一九二〇年九月，嘉南大圳工程正式開工，由八田與一擔任大圳組合監督、工務課長以及烏山頭出張所*所長，這些頭銜顯示八田是大圳組合的「完全執政者」，除了負責指揮大圳建設工作之外，也負責大圳組合的運行。

大圳建設工程相當複雜，主要分為烏山頭水庫、烏山嶺隧道、取水、給水、排水、防潮防洪等工程，這些工程分頭進行後陸續完成、接軌，終於在一九三〇年宣告大圳正式完工（圖3-3）。

* 出張所：「出張」是日文中「出差」的意思，出張所即類似警察派出所的外派辦公機構。

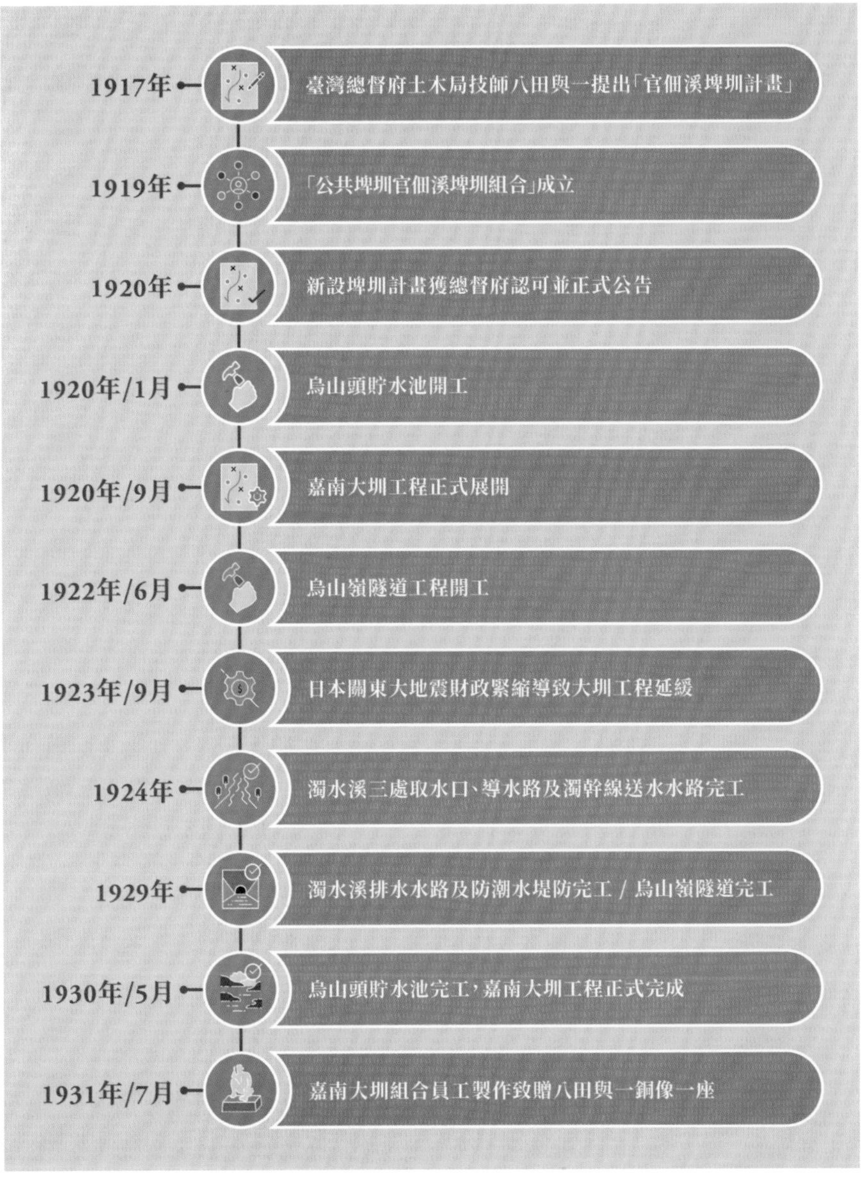
1917年
臺灣總督府土木局技師八田與一提出「官佃溪埤圳計畫」
1919年
「公共埤圳官佃溪埤圳組合」成立
1920年
新設埤圳計畫獲總督府認可並正式公告
1920年/1月
烏山頭貯水池開工
1920年/9月
嘉南大圳工程正式展開
1922年/6月
烏山嶺隧道工程開工
1923年/9月
日本關東大地震財政緊縮導致大圳工程延緩
1924年
濁水溪三處取水口、導水路及濁幹線送水水路完工
1929年
濁水溪排水水路及防潮水堤防完工 / 烏山嶺隧道完工
1930年/5月
烏山頭貯水池完工，嘉南大圳工程正式完成
1931年/7月
嘉南大圳組合員工製作致贈八田與一銅像一座

圖 3-3　嘉南大圳主要工程的進度。

## 烏山頭水庫堰堤工程

整體工程中，最困難的就是烏山頭水庫堰堤工程，從一九二一年十月開工、一九三〇年五月才完工，可見工程規模的浩大。烏山頭水庫是以官佃溪中游溪谷為集水區，於烏山頭築堰堤堵住溪流所形成的人工蓄水池，用以儲水以及調配從水庫流入水圳道路的水量。

考量臺灣地震頻繁會對混凝土造成影響，水壩外圍的堰堤採用「半水成填充式」（Semi-hydraulic Fill）方法興建，在當時亞洲僅此一例。

「半水成填充式」也稱「溼式土堰堤工法」或「半水成式工法」，亦即堰堤本身並非全由鋼筋水泥構成，反而是只有〇．五%的混凝土，主材料是土沙與黏土。築堤時先在蓄水池的外圍打上水泥樁，由內而外鋪上黏土層、細砂、沙礫與不同大小的鵝卵石，並用水強力沖灌，再加以夯實，讓結構體緊密黏實。

八田與一設計的「中心黏土層」與外坡土石層間有濾水層，用以將少量通過中心黏土層之滲漏水導引至收集管道，再匯集至下游外坡，也便於監測。此設計可以防止堰堤滲漏水直接滲入外坡土石，避免出現外坡浸潤的情況，危及堰堤安全（圖3-4）。

這種工法現在說來輕巧，在當時的工程界卻無異於重磅炸彈，別說是日本無人實行過，提出這方法的八田與一才三十出頭，更讓人對這個工法感到憂慮，就連總督府的高層都產生質疑。因此，即使到了已經開工興建的一九二二年，總督府還是鄭重邀請水庫權威佐野藤次郎博士來臺調查。還好佐野博士對大圳建設計畫給予肯定，大大減低了眾人的不安和質疑。

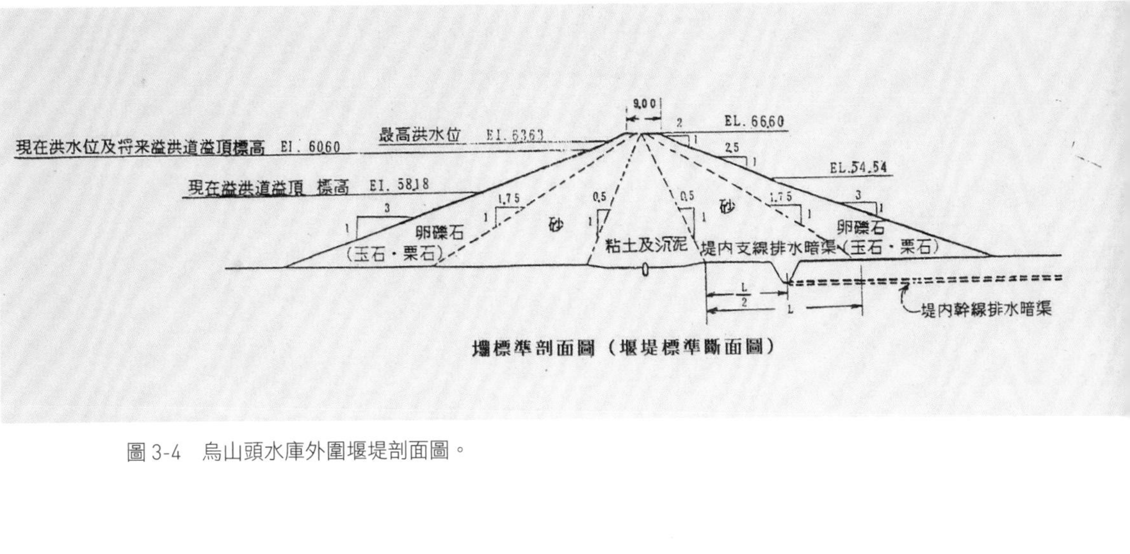


壩標準剖面圖（堰堤標準斷面圖）

圖 3-4　烏山頭水庫外圍堰堤剖面圖。

同一年，為了慎重起見，八田與一趁著購買機械的機會到美國考察（照片3-4）。經過仔細分析，八田與一認為臺南大內庄（今大內鄉）的黏土質地比起美國所使用的還細密，因而對烏山頭水庫的修築更有信心。

但即使經過重重檢驗，總督府始終還是信心不足。一九二四年，總督府又邀請美國的半水成式水庫專家賈斯丁博士（Joel D. Justin）來臺勘查，賈斯丁博士與八田爭論一番後，總督府原則上同意按照八田與一的計畫進行，但也根據賈斯丁博士的建議做了一些更動。

最終，烏山頭水庫堰堤長一千二百七十三公尺，堤頂寬九公尺，壩底寬三百零三公尺，堰堤最高達五十六公尺。完工後水深約三十二公尺，有效蓄水量達一．五億立方公尺。以今天奧運標準比賽用游泳池長五十公尺、寬二十一公尺、水深一．八公尺的蓄水量（一千八百九十立方公尺）來比較，烏山頭水庫有效蓄水量約等於七萬九千三百六十五座奧運標準比賽用池。

烏山頭水庫的位置原本是官佃溪中游的溪谷，蓄水後沿岸更是蜿蜒曲折，若從空中鳥瞰，形狀很像枝枒交錯的珊瑚，所以當時總督府官員下村宏遂將之命名為「珊瑚潭」，這個名稱沿用至今（照片3-5）。

## 烏山嶺引水隧道工程

由於官佃溪水源有限，八田與一另計畫向曾文溪取水，不過兩溪之間橫亙著烏山嶺，溪水無法直接導入水庫。為解決這個問題，八田與一決定開鑿烏山嶺隧道連接曾文溪取水口，讓溪

照片3-4　1922年，八田與一去美國考察，參訪尼加拉瀑布時曾寄明信片回日本給摯友伊東平盛。

照片3-5　烏山頭水庫沿岸蜿蜒曲折，彷彿枝枒交錯的珊瑚，也被稱為珊瑚潭。

水經由隧道匯入官佃溪中游溪谷。

隧道長度約三千一百一十公尺，高與寬均約五．五公尺，還包含隧道東口與西口兩端的明渠、暗渠以及水閘門等工程。在大圳諸多相關工程中，以開鑿烏山嶺隧道工程最為艱鉅（照片3-6），因為烏山嶺的地質破碎又有斷層帶經過，平靜的山嶺下還暗藏大量天然氣，在挖掘期間就不幸發生過多次意外，最嚴重的一次甚至造成五十多名施工人員傷亡。因此八田不得不變更隧道工程的設計以避開危險地區，這條隧道的挖掘可說是嘉南大圳史上最痛苦的一頁。

隧道工程從一九二二年六月開工，直到一九二九年十一月才完工，但也是因為使用巨型土木機械，才能以七年時間完成貫穿烏山嶺之壯舉（照片3-7）。完工後烏山嶺隧道所流注的水量，可達到每秒五十六立方公尺。

## 取水口工程

取水口工程共有四處，一處就是前面說的曾文溪取水口，將曾文溪水導入烏山嶺隧道，流入水庫蓄水。另三處位於濁水溪流域，分別是林內第一取水口、林內第二取水口及中國子取水口，陸續於一九二四年至一九二六年間完工。濁水溪與其支流從上述三個取水口導入濁幹線後，供水給北港地區。

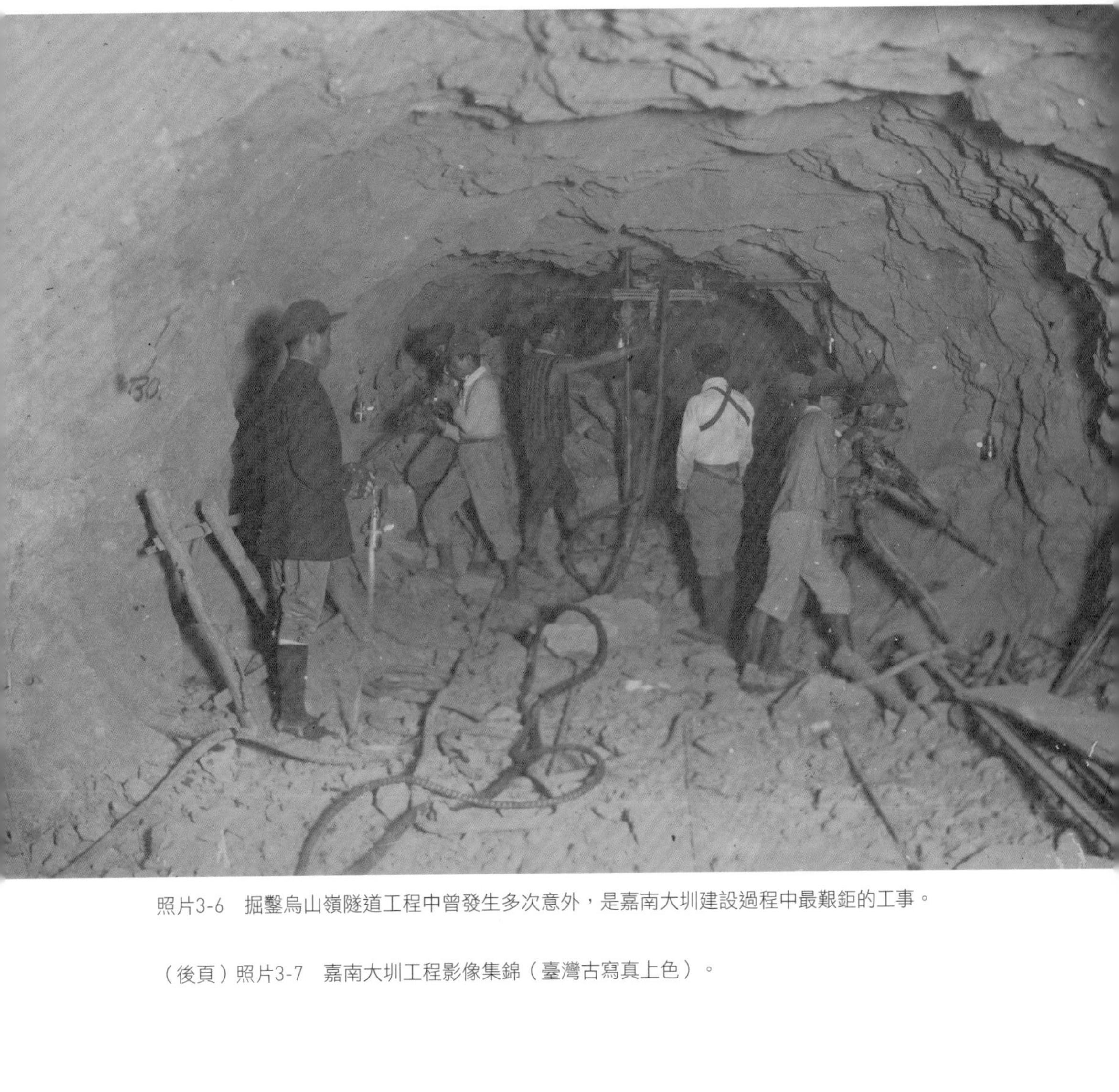

照片3-6　掘鑿烏山嶺隧道工程中曾發生多次意外，是嘉南大圳建設過程中最艱鉅的工事。

（後頁）照片3-7　嘉南大圳工程影像集錦（臺灣古寫真上色）。

## 給水工程

完成了引水道與蓄水池後，如何將水平均地送進農地，便是嘉南大圳千里水路的工作了。給水路主要分為幹線、支線與分線三種，灌溉水源由幹線匯送，然後導水入支線與分線，再藉由小給水路流入各灌溉農田，形成綿密的灌溉網絡。

幹線總共有三條，分別是屬於濁水溪系統的濁幹線*，與烏山頭系統的北幹線、南幹線。濁幹線直接取水濁水溪，灌溉北港溪以北的五萬二千甲農地。

北幹線與南幹線都是引烏山頭水庫水源。北幹線自烏山頭北行，跨龜重溪、急水溪、八掌溪、朴子溪**，最後止於北港溪。在北港溪河床上另有暗渠，使北幹線與濁幹線相連以互通用水。北幹線灌溉區域是北港溪以南、烏山頭以北的五萬六千甲土地。南幹線則是自烏山頭南

* 濁幹線：戰後，國民政府在各縣設立水利會，濁幹線併入雲林水利會管轄。

** 「讓水過河」渡槽橋：嘉南大圳的興建目的就是要解決「缺水」的問題，所以想盡辦法將河川的「水」導引到綿延萬里的水路，可是橫亙在嘉南平原上的河川也會阻礙水路的運行，怎麼辦呢？那就架橋讓水可以過吧！「輸水渡槽橋」（flume）就是嘉南大圳水路的專用橋樑，又稱為「水人橋」，這種橋樑透過適當斜度所產生的高低位差，讓水路的「水」得以跨越河川往下一個目的地前進（圖3-5）。

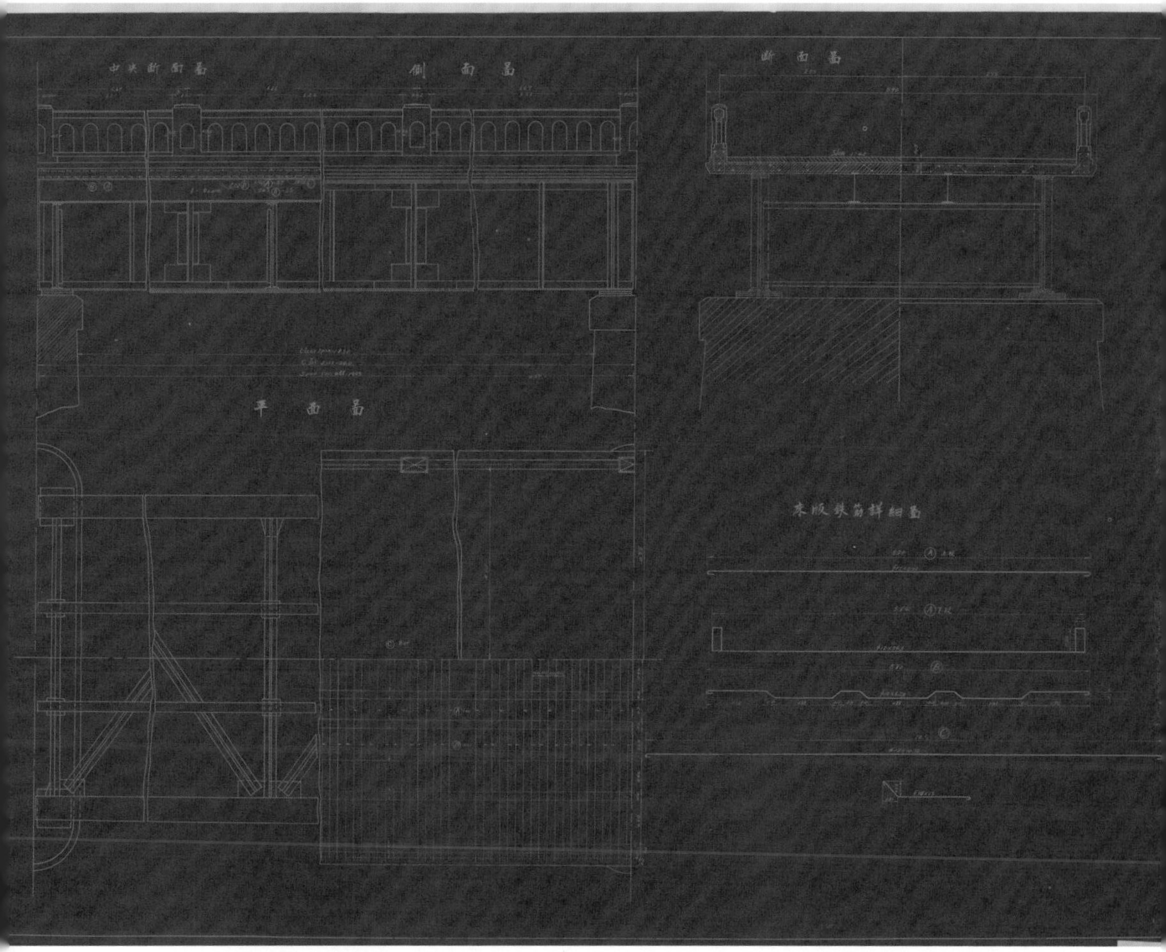


圖 3-5　渡槽橋設計圖。

行，跨官佃溪（照片3-8）、曾文溪，主要灌溉烏山頭以南四萬二千甲農地。

支線部分則有八掌溪支線、新營支線、六甲支線、麻豆支線、善化支線等五十二條，分線則是從支線分出來的較小渠道，遍布整個灌溉區域，共一百四十六條。支線與分線長度合計將近一千二百公里。導入分線的灌溉用水最後經小給水路流入農田，小給水路為水利實行小組合所開設，總長約七千四百公里（圖3-6）。

## 排水工程

水送進農田之後，不能一直滯留在田裡，因此需要排水工程來排除灌溉餘水，並藉由排水沖刷土地中的鹽分，進而改良土地。排水工程會根據天然地形，挖掘並整頓排水路：大排水路長約九百六十公里，小排水路長度則約六千公里。

工程到此大致告一段落，可以說是「十年磨一圳」，如果單純以數字來看，把嘉南大圳所有的水道長度加總，可以達到一萬五千六百一十七公里，等於是繞臺灣十三圈、繞地球半周這麼長呢（圖3-7）！

照片3-8　官佃溪渡槽橋。
橋面下有管道「渡水過河」。曾是交通要道，今已經指定為古蹟。

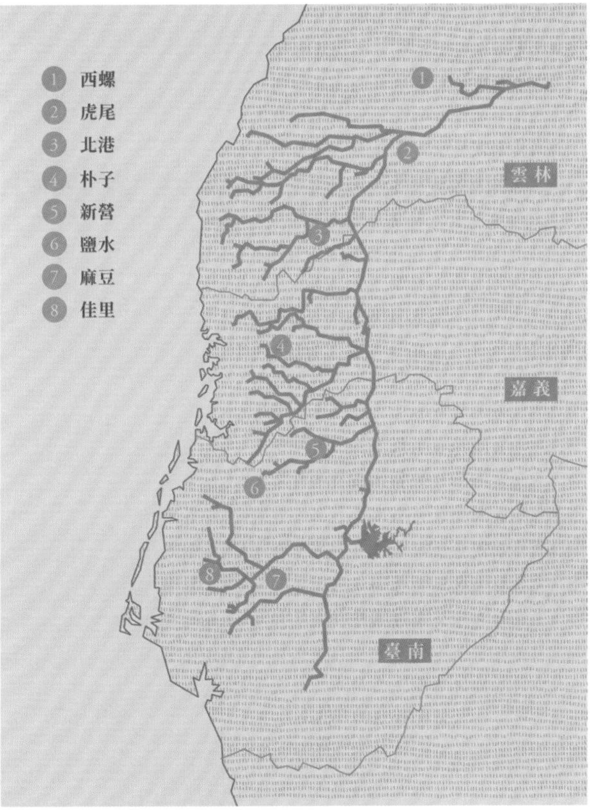


圖 3-6　烏山頭水庫與嘉南大圳的主要灌溉水道。

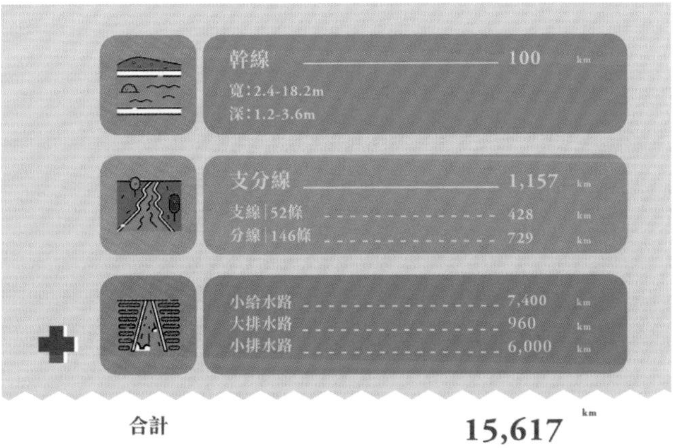


圖 3-7　嘉南大圳水道長度總計。

### 建設大圳：從藍圖修改到工安事件

第三節

# 八田與一的眼淚：停工與工安事件

「那是我第一次看到八田技師流淚，我永遠忘不了這一幕。」回憶起一九二三年的往事，大圳的員工山根如此說。

一九二三年九月一日，日本本土發生關東大地震，造成超過十四萬人死亡或失蹤、四十四萬棟建築物燒毀等巨大損失，政經局勢大亂（照片3-9）。受此影響，嘉南大圳補助金被大幅刪減，對大圳的建造工程影響甚巨，包括曾文溪大橋工事、烏山嶺隧道工事均告中止，其他工程也被迫縮小規模。加上當年度政府的補助金因財政考量有所縮減、得等之後年度才會補齊，都使得資金調度困難，事務費大為緊縮。

到了年底，大圳管理階層雖然知道一旦裁員之後復工就很難再找回熟練的技術人員，卻也不得不裁員以節省經費。一九二一年設立「公共埤圳嘉南大圳組合」後，組合在嘉義街（今嘉義市）新建事務所（類似總辦公室），又在烏山頭及臺南州廳設置出張所，職員約有二百多人。經過管理層討論，決議裁撤四十多名員工，從高層理事到基層的雇傭人員都有。

據說開會討論時，管理幹部建議應保留優秀者，以免影響工程進行，但八田卻認為「能力強的人容易再找到工作，能力不強的人一旦失業就生活無著」，結果就不以能力為裁撤標準，使得部分優秀職工也遭裁員。在裁撤這些員工時，八田流下了不甘心的淚水，這件事在許多追隨他的人心中留下了很深的印象。

由於地震影響，大圳建設工程無法照著原本要在一九二六年完工的規劃進行，不得不加延四年，最後費時十年才建造完畢。還好，在一九二四年五月工程回復生機時，大部分退職員工也再度回到烏山頭。

十年的工程期，除了一九二三年的停工事件之外，因為工安問題而短暫停工的狀況也不少。這是因為大圳的設計工法複雜、工程規模浩大，

照片 3-9　關東大地震，傷亡無數，經濟損失慘重。
東京市中心繁華的日本橋一帶地震之後頓成一片殘垣敗壁。

礙於當時的技術，還有許多不確定的因素，所以工安意外頻傳，動輒停工數日，連帶導致建設日程受到拖延，亦迫使設計一再變更。

比較嚴重的工安事故，當屬前述的烏山嶺隧道工程。在一九二二年六月開工不久，十二月時挖到九十公尺處突然冒出石油天然氣，更因火花引起爆炸，造成臺、日員工傷亡超過五十人。工程因而暫停，直到一九二三年春天才繼續施工。

此外，大圳工程中也聘雇了相當多的工人，這些在當時被稱為「苦力」的人多是臺灣人，承擔最基層的勞力活，當然也最容易受傷。像是一九二七年六月十一日進行隧道工程時，砂石突然崩落，壓死了一名苦力；隔年，烏山嶺隧道西口進行爆破時，火藥導火線點火後不幸引燃空氣中瀰漫的天然氣，發生爆炸事故，造成兩名苦力一死一傷；一九二九年，也曾發生搬運中的砂石從列車上掉落而砸傷苦力，同年出水工程中又有兩人溺死……等，都反映出大圳建造工程的危險性。

對於當時大圳頻傳工安事件，也有一些人提出質疑。礙於文獻所限，我們不太容易看到工安事件後大圳管理階層是否針對事故發生原因進行改善、是否對傷者給予補償或妥善照顧等後續過程。

在大圳興建的十年中，總計因公殉職者有一百三十四人之多。在大圳完工後，便在烏山頭水庫立起一座殉工碑來慰靈，八田與一還要求讓一百三十四位犧牲者按照殉職先後列名其上，不因臺籍、日籍或性別有所分別。這座殉工碑至今尚在，許多造訪烏山頭水庫的遊客都會前往憑弔（照片3-10、3-11）。

照片 3-10、3-11　嘉南大圳殉工碑。
石碑下方正面刻有八田與一親撰的日文碑文，餘三面則刻上死難者的名字。碑文翻譯如下：「嘉南大圳，以其廣袤大地蒙受之利澤，工式雄偉之水源，稱冠於世。雖則工程既細且微，施工上遭逢諸多之困難，但歷經十年辛楚，全部工程終致完成。諸子在此期間遭遇不慮之災厄，或罹風土之病疫，以致長眠於此空茫異鄉之墳塋，誠堪痛惜。雖諸子同為犧牲之殉工者，但以一死竟克鼓舞從業工程人員之志氣，終使此項大工程得以竣工，此又可謂偉大矣。噫噫，彼淙淙之曾水溪水，蜿蜒之長堤，蘊藏汪汪美麗潭水，拜奉隨時之灌溉給水，滾滾環流無止盡。以此言之，諸子之名亦不朽矣。乃茲在此卜地建碑，以傳諸子子子孫孫者也。昭和五年三月烏山頭交友會長八田與一」。

# CHAPTER 4

# 光與影：八田與一和沒有聲音的人們

撰文者——郭婷玉

二〇一七年四月十五日，位於烏山頭水庫大壩旁的八田與一銅像遭到了破壞。犯人落網後，聲稱犯案動機是來自於「不認同八田與一歷史評價」，引起了爭議。

犯人表示「臺灣人過分美化日本殖民統治」、「八田建嘉南大圳是協助日本殖民」，許多批判者則認為「八田建造嘉南大圳嘉惠許多臺灣農民是不爭的事實」，雙方各有立場。在此之後，一旦到了政治時機敏感的時候，八田與一的銅像前就得拉起封鎖線，以防有人再行破壞。這件事也顯示一般人印象中的「嘉南大圳」，必然會和八田與一劃上等號。

誠然，被稱為「嘉南大圳之父」的八田與一有其成功之處。但是，大圳從發想構思、討論計畫、建設實行，乃至建造完畢，都必定有不同人群的想法與利益的折衝，並非八田一人之力所能為之。

大圳開工後，隨著工程改變地方的水文、地貌、農業生產關係，也導致不少聚落搬遷或消失，很多新聚落連帶因應而生，像是嘉義街原來已經瀕臨衰落，因大圳建設吸引人口移入，使得市街再度重生，可以說大圳深刻影響了地方社會人群的生活。

或許我們更應該說，是八田與一與那些被他光芒掩蓋的人共同改寫了嘉南平原的命運，然而許多人並沒有留下紀錄或者自敘，而今透過八田留下的回憶，他們才一一重現。

第一節

# 策劃大圳的官員們

事情要從一九一七年說起。就在八田與一前往嘉義調查、提出「官佃溪埤圳計畫」後，他便回到金澤完成終身大事。新婚之喜沒有帶給八田與一好運，計畫案被帝國議會打了回票。不過，得知此消息的八田並未氣餒，而是不斷四處請教有識者來改進提案。例如他曾經請教總督府的同事、殖產局糖務課技師真室幸教，得知了計算蔗田、稻田面積的方法，從而進一步考量大圳相應的輪作制度應如何進行。

在大圳的預算通過後，進入到實行階段，整體計畫原先由總督府的土木課長山形要助擔任「嘉南大圳組合管理者」，時任臺南州知事的枝德二擔任「副管理者」，也就是大圳組合實質上的領導人物。

一九二一年，枝德二退休，改任大圳的管理者。緊接而來的關東大地震造成財務困難，讓大圳組合必須緊急向勸業銀行等金融機關借貸，還得應付設計變更所帶來的各種調整事務，這些龐雜瑣碎卻又不可或缺的工作，處處都得靠枝德二去「喬事」。在枝德二去世後，有人批評他「比起本職更重視接待客人」，對此八田與一不以為然，他在前文提及過的文章〈臺灣土木事業的今昔〉中指出，枝德二應對進退的本領是推動大圳計畫的重要工作（照片4-1）。

在上述回憶文中，八田將枝德二擔任嘉南大圳組合管理者的功勞，和推動計畫者下村宏、山形要助，以及後文將介紹的嘉南大圳技師長筒井丑太郎等人並列，認為他們對大圳的規劃、完工有著莫大的貢獻。

照片 4-1　枝德二，是嘉南大圳誕生的重要推手。

第二節

# 建設大圳的工作人員

## ⁂「八田來了！」大圳員工就跑了？

大圳進入建設階段後，首先面臨到的是臺灣土木技術人才不足的問題。為了補足可以趕快上工的人力，大圳組合當然最先想到優良又好溝通的日本技工*，於是便提供兩倍年薪、賞金六個月、竣工賞金十八個月的豐厚待遇來招募新血。但又怕日本技工來臺灣吃不了苦，拿了賞金就「落跑」，也附加了但書，約定任期未滿一年者賞金減半。

被高薪挖角的不只是日本本土的技工，甚至吸引了原先在總督府工作的基層官僚，比如

＊八田愛用金澤人：在八田的故鄉金澤至今仍傳說金澤自古常有水患，故當地多治水技工，八田因而招募了許多同鄉來臺。不過這一點尚需更多的資料佐證。

原先在臺南擔任政府雇員的中村大吉。中村大吉轉入嘉南大圳組合之後，月薪從原本的二十二圓變成六十五圓，翻了三倍，後來他也就死心塌地在嘉南大圳服務，一九四五年時擔任了經理課長，成為大圳組合中的重要人物。像中村大吉這樣的案例，在大圳組合中並不少見。

除了日本人，也有一些臺灣人因嘉南大圳改變了一生：公學校老師陳阿十，因為精通日語、臺語與客語，又很會寫文章，轉入嘉南大圳成為八田與一的隨行人員，深得八田信賴。大圳完工之後，大部分職工都要遣散，陳阿十不但得到了相當優渥的遣散費，足夠他回屏東老家買田，還由八田與一推薦轉任書記。到了戰後，他仍一直替嘉南大圳服務。

在技工之外，大圳動工一天就需要上千個基礎勞工，創造出很多勞力需求，吸引大量勞動者前來應徵：一九二二年，曾開缺招募三十名掘鑿機司機，結果前來應徵的臺灣人、在臺日本人加起來就有四百五十二人，是所需名額的十倍以上。最後則是招募日本人十二人、臺灣人十人擔任司機，又另外多招募二十人從事其他職務。

大圳工程的勞力需求還間接帶動勞動薪資上漲。根據一九二六年十月新聞報導，當時臺南州因為嘉南大圳釋出大量勞力需求，加以時節正值甘蔗旱植期、水稻收成等因素，導致當地勞動力大為短缺，勞動薪資大幅上漲，男子一日一圓二十錢（一九二五年是七十錢）、女子一日四十錢（一九二五年是三十錢），很多佃農甚至為了高額勞動薪資拋下農作，改當日雇勞工。

除了以高薪吸引職工外，嘉南大圳組合應該可以算是相當早的「幸福企業」吧！八田與一認為有好的環境才能讓員工安心做好工作，因此在烏山頭興建職員宿舍，也興建生活所需的醫院、學校，甚至大浴場、箭術練習場、網球場等娛樂設備，提供完善的生活機能（圖4-1）。他

圖 4-1　八田與一的表侄伊東哲所畫〈嘉南大圳工事模樣〉，約 1930 年。
圖中顯示大圳職工聚落的生活機能相當多元。

也常在宿舍安排表演戲劇、放映電影、舉行慶典等活動，讓員工得以放鬆身心。

八田對員工的體恤，是有點近乎「寵溺」的。據八田與一長子八田晃夫回憶，由於工事現場缺乏娛樂設施，工人之間偶爾會賭博作樂，這件事被當地派出所注意到後，八田與一反而認為「這只是他們的一點『小確幸』」，而向員警求情：「請大人睜一隻眼閉一隻眼吧！」

還有另一個說法是，因賭博被取締之後的大圳機械職工都被拘留，工程不得不停工，生氣的八田與一竟殺往主管機關曾文郡役所（位於今麻豆老街），向郡守抗議：「如果不能如期完工，那就請郡守負責！」從此之後，烏山頭工事現場就像領了免死金牌，可以放心賭博了。

不過，八田雖然默許賭博娛樂，卻嚴禁引起騷動，還放話「要是作亂，就回家吃自己」。也因為八田嚴格要求保持工地秩序，每當工人起衝突時，只要八田一出現、旁人便緊張地說：「八田來了！」騷動也就自然平息。

大圳管理者枝德二後來的回憶也提到，大圳完工後分配慰勞金時，一反過去厚高層、輕基層的作法，而是給予上位者低額、下位者高額的賞金，組合職員全體都相當滿意。

這些八田與大圳高層對員工「縱容」與「關愛過度」的故事，在現代人聽起來實在有點好笑，但也能從中窺見大圳職工與八田之間緊密的情感聯繫。我們也就不難理解，在前面提到的一九二三年停工事件中，八田為何會選擇留下能力較弱的員工，完工後又為何堅持不分臺、日之別紀念殉工者——或許，他對這些員工的感情實在太深了吧（照片4-2）！

## ⁂ 默默的支柱：筒井丑太郎

建造大圳所需的技術人才、基層勞工，有賴技師們的領導。除了八田以外，擔任大圳技師長的筒井丑太郎可以說是默默支撐著大圳的男人（照片4-3），但他的名字卻很少被人提起。

筒井丑太郎出身日本高知縣，一八九九年從第三高等學校（現在京都大學前身之一）土木科畢業，隨即來臺從技手做起。一九〇一年至一九〇八年任職於臨時臺灣基隆築港局工務課，擔任技手；一九〇九年至一九二〇年都在打狗（後改名高雄）任職（臨時臺灣總督府工事部打狗出張所、土木局打狗出張所），擔任技師。他在基隆擔任技手時，和當時已是技師的山形要助是同事，升任技師到打狗任職後，一九一四年以前也一直在山形要助手下工作，一九一五年後則躍升打狗出張所所長。期間，筒井還在一九一九年赴歐美出差，隔年回國。直到一九二二年因慢性瘧

（左）照片 4-2　八田與一。
以嘉南大圳設計者及烏山頭水庫建造者聞名，有「嘉南大圳之父」之稱，對臺灣嘉南平原農業水利事業貢獻卓著。

（右）照片 4-3　筒井丑太郎。
嘉南大圳組合技師長，與八田與一共同推動嘉南大圳的建設計畫。

疾從總督府辭官之前，筒井丑太郎以總督府土木技師身分先後參與了基隆港築港工程、屈尺第一發電所、高雄港築港工程，可說是歷經日本統治臺灣前期各大工程。

筒井丑太郎因病辭去總督府官職後，因先前山形要助與他長期一同工作、山形又是嘉南大圳計畫推動乃至開工的土木局土木課長（一九二〇年至一九二一年為臺灣總督府土木局長），熟知筒井治水、參與大型建設經驗豐富，遂在同年聘他為嘉南大圳組合技師長。順帶一提的是，山形要助正是前文所提到在一九一七年派八田與一到嘉義「隨便看看」的土木課長本人。從這點來看，山形可說既是「無心插柳柳成蔭」地推動了八田發想嘉南大圳計畫，也有意帶入筒井一同實行大圳計畫。

將筒井視為八田與一計畫的執行者一點也不為過，除了需要與八田與一配合、討論工程進行方式之外，他還負責率領職工進行工程、向來訪官員解說工程進度（照片4-4），甚至偶爾也接受邀請出外演講，向民眾講解大圳工事計畫、進度等狀況，藉此減輕地方人民對工程長期耗費大量人力物力的不滿。

嘉南大圳完工後，筒井結束在臺灣三十二年的任職時光，先是短暫回到日本，而後旋即進入日本帝國開發朝鮮等地的東洋拓殖株式會社任職，前往朝鮮建築水泥構造水壩。

(二) 大正十四年一月十五日

筒井技師長から嘉南大圳の大勢に就て
說明を聽取して居る後藤長官

照片 4-4　技師長筒井丑太郎向來訪視察的長官說明大圳施工狀況。

## ⁂嘉南大圳之父：八田與一

最後一定要談到建造大圳的重要人物——八田與一技師。一八八六年，八田與一出生於日本石川縣花園村（今石川縣金澤市）（照片4-5），是家中的五男。一九一〇年，從東京帝國大學工學部土木工學科畢業（照片4-6），同年八月應聘臺灣總督府土木部工務課技手。一九一四年，升任總督府技師，到濱野彌四郎（被譽為「臺灣水道之父」）手下參與臺南、嘉義、高雄等地的水道工程。更在一九一六年五月至七月，前往菲律賓、新加坡、香港等地考察當地用水設施；同年八月，參與桃園埤圳計畫。

一九一七年桃園大圳工程步上軌道後，八田與一受土木課長山形要助委託而到嘉南地區調查建造水利設施的可能性（後來提出「官佃溪埤圳計畫」），同時也經手日月潭水力發電事業計畫（該計畫則是無異議核准）。此時，八田回鄉結婚，十六歲的新娘米村外代樹畢業於金澤第一高等女學校，容貌秀美又寫了一手好字，婚後隨夫定居臺灣。

一回到臺灣，八田又繼續投入大圳建造工程。

從前面的章節敘述，已經清楚知道八田與嘉南大圳密不可分的關係，他一手規劃、催生與建造了嘉南大圳，稱他為「大圳之父」並不為過。

雖然大圳確實是基於殖民者試圖統治殖民地農業生產的動機而建造，八田也因而常被批為「殖民者幫兇」，不過從現有的材料看來，八田始終未以殖民者自居，而是一心想做好這個工程而不遺餘力四處奔走，更一肩挑起大圳的成敗，背負著輿論與總督府的種種質疑，一路走到

照片 4-5　八田與一在金澤花園村的老家。
屋前的出生地紀念碑乃當地組織（八田技師夫妻を慕い台湾と友好の会）所立。

照片 4-6　八田與一年輕時的模樣。

最後。

大圳完工後，八田與一回任臺灣總督府技師（照片4-7），經手大甲溪發電計畫，也曾於一九三五年受中華民國福建省主席陳儀邀請赴福建考察，參與擬定福建省水利灌溉設施計畫。尤值得一提的是，他同時不忘大圳開工時苦無技工的情況，於是銳意培養臺灣技術人才，遂與林熊祥（板橋林家成員）等人共同創建私立「土木測量技術員養成所」（今新北市立瑞芳高級工業職業學校）。

進入戰爭期間，一九四二年八田獲聘「南方開發派遣要員」，奉派前往菲律賓調查棉作灌溉設施。只可惜同年五月他所搭乘的郵輪「大洋丸」號遭遇美軍潛艦攻擊，八田不幸罹難。他過世後不久，一九四五年九月，其妻外代樹竟投身於烏山頭水庫送水口，殉死於丈夫一生傑作的水波之中。其後夫婦一同合葬於今天烏山頭水庫八田銅像後方。

無論批判殖民的角度怎麼分析，都無法否認八田與一留給當時臺灣民眾的印象非常良好。這大概是因為他不僅盡心盡力建造大圳、改善農民生活，還一心為臺灣培養土木人才，因此在大圳完工時才有民眾執意鑄造銅像紀念其功績。

有人或許會說，這尊銅像會不會是另一種「造神」的產物呢？事實上，銅像本身的故事可以證明絕非如此。

在一九四〇年代太平洋戰爭時，日本曾向民間徵收銅鐵金屬來鎔解以供軍需，這尊銅像卻因地方民眾暗中保存於隆田車站倉庫而「倖免於難」，也才能在戰後回歸烏山頭。不過，當時地方民眾又擔心敵視日本的國民政府知道後會要求銷毀銅像，遂將銅像藏於八田所住宿舍的陽

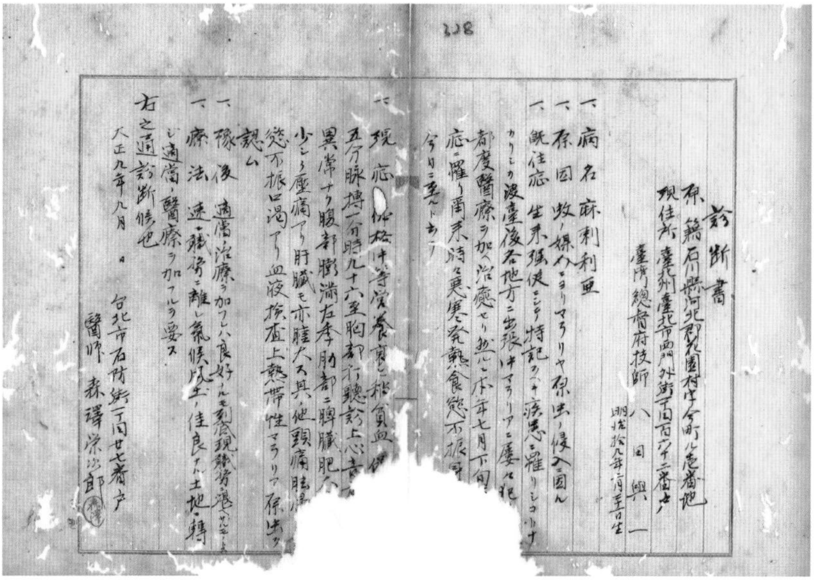

診斷書

原籍 石川縣河北郡花園村字今町ル壱番地
現住所 臺北州臺北市西門外街壱丁目百六十二番戸
臺灣總督府技師 八田與一
明治拾九年二月弐拾壱日生

一、病名 麻剌利亞
一、原因 蚊ノ媒介ニヨリマラリヤ原虫ノ侵入ニ因ル
一、既往症 生来强健ニシテ特記スヘキ疾患ニ罹リシコトナカリシカ渡臺後各地方ニ出張中マラリアニ屢々罹リ都度醫療ヲ加ヘ治癒セリ然ルニ本年七月下旬[illegible]症ニ罹リ爾来時々悪寒発熱食慾不振[illegible]今日ニ至レリ
一、現症 [illegible]体格中等営養衰ヘ稍貧血[illegible]五分脈搏一分時九十六至胸部打聴診上心音[illegible]異常ナク腹部膨満左季肋部ニ脾臓肥大[illegible]少シク圧痛アリ肝臓モ亦腫大ス其ノ他頭痛眩暈[illegible]慾不振口渴アリ血液検査上熱帯性マラリア原虫ヲ認ム
一、豫後 適當治療ヲ加フレハ良好ナルモ到底現職務ニ堪ヘサルモノト[illegible]
一、療法 速ニ職務ニ離レ氣候風土ノ佳良ナル土地ニ轉シ適當ノ醫療ヲ加フルヲ要ス

右之通診斷候也
大正九年九月 日
台北市石坊街一丁目廿七番戸
醫師 森澤榮次郎

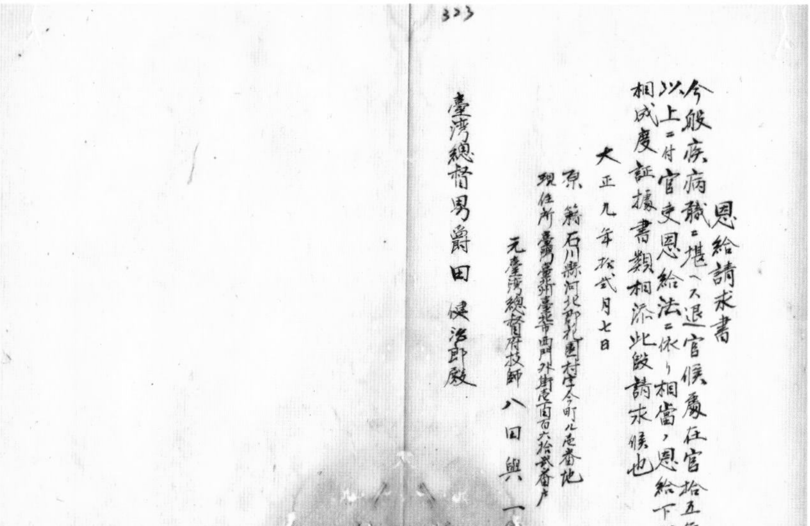

恩給請求書

今般疾病職ニ堪ヘス退官候處在官拾五年以上ニ付官吏恩給法ニ依リ相當ノ恩給下賜相成度証據書類相添此段請求候也

大正九年拾弐月七日
原籍 石川縣河北郡花園村字今町ル壱番地
現住所 臺灣臺北州臺北市西門外街壱丁目百六拾弐番戸
元臺灣總督府技師 八田與一

臺灣總督男爵田健治郎殿

照片 4-7　八田與一辭官轉去蓋大圳，理由竟然是他得了瘧疾？！
〈診斷書〉上的病名寫「麻剌利亞」，日文假名為「マラリア」，是從瘧疾的英文 malaria 而來。八田與一利用這樣的方式從官方身分（見〈恩給請求書〉）轉到民間單位工作。

臺，直到一九八〇年代政治情勢緩和後，才重又置放回烏山頭水庫邊（照片4-8）。不僅如此，每年五月八日八田與一的忌日，水利會都會在烏山頭水庫八田塚前舉行追思會，與日本的「八田之友會」一同憑弔八田。

嚴格來說，評價八田與一還是應該區分清楚「執行殖民者交付任務」與「如何執行任務」兩個不同的部分。在執行殖民者交付任務上，他是以總督府技師身分接受上級交辦任務，公事公辦，忠實且確實地完成工作。至於他如何執行任務，才是給予好壞評價的關注焦點。

也正因為當地社會是出自內心感謝八田與一為大圳的付出（照片4-9），所以在二〇一七年部分人士從親共反日角度批判他是殖民幫兇、不配享有高度歷史評價而將銅像「斬首」抗議時，才會遭當地民眾乃至政府機關同聲譴責。

這次事件也反映出臺灣社會對日本殖民統治的看法確實相當分歧，甚至兩極化，而且對日本殖民統治的評價也不是鐵板一塊，而是隨人或項目不同而有差異。

讚許八田功績者，很多時候純粹是感佩於八田個人身為殖民階層忠實完成任務之外，他也顯露出對這片土地、這群人民的關懷與人性光輝，而不會對殖民者的全部舉措照單全收——畢竟嘉南大圳光輝燦爛的另一面，還隱藏著更多被掩蓋的吶喊與反抗。

照片 4-8　座落在烏山頭水庫的八田與一銅像。

照片 4-9　八田與一紀念園區。
乃為紀念八田與一對嘉南平原農業水利事業的貢獻，翻修改建其故居（宿舍）而成，並立有其妻外代樹之塑像，緬懷他們感人的愛情故事。

第三節

# 圍繞大圳生活的人們

## 以一圳改變一地：大圳帶來的榮景

大圳興建十年，圳道在嘉南平原上蜿蜒數千公里，連接起十五萬甲農田以及無數的人群。大圳建造過程中對地方的影響，首先反映在重新振興地方市街上。以嘉義為例，從一九〇一年設置地方廳以來，一直是嘉南平原重要政經中心，但到了一九一〇年代受經濟不景氣影響發展趨緩，一九二〇年被併入臺南州，一時間引起地方不滿，部分人士甚至集結到東京抗議。在此同時，嘉南大圳則是開始興建。

由於興建大圳引入許多青年人找工作，根據一九二二年新聞報導，廢廳兩年後的嘉義並未顯露頹象，截至一九二一年底，嘉義街新增六百四十八戶、四千零六十九人，市街上到處可見新建房屋，可望連帶新闢道路、開通郵政電信等服務（圖4-2）。至於嘉南平原另一中心的臺南，到了大圳完工之際人口達到九萬，比

圖 4-2　〈嘉義街外〉，陳澄波，1926 年。
原名〈嘉義の町はづれ〉。此畫乃陳澄波入選日本帝國美術展的作品，描繪其住家（今嘉義市國華街）周邊景象，在畫中可以看見新鋪的道路、電線杆與傳統木橋，可供想像大圳帶來的影響。可惜原畫已佚失，現存黑白照片。

前一年增加二千六百人，同樣是因為大圳帶來的經濟、人口紅利所致。

受嘉南大圳影響而增加的不只是人口，還有農民的收益。大圳依照施工進度分區通水，因而各區農業生產受影響的時間也不一。例如臺南州新化等地在一九二五年左右即有產量一百多萬石的好成績，同年嘉義地區的菸草買賣也因大圳員工強大的消費力而大發利市。

一九二八年，臺南州虎尾郡崙背庄（今雲林縣崙背鄉及麥寮鄉一帶）的農田收入，從大圳給水前一甲平均三十七圓三十七錢，給水後每甲平均增加至一百三十九圓二十錢。收入激增之下農民儲金也提升，以臺南州下產業組合組合員儲金來看，一九二七年度組合員儲金比前一年增加三十一萬圓、家族儲金增加四十一萬圓，大圳帶來的經濟效益可見一斑。

## 咬人大圳：農民的逆襲與不滿

嘉南大圳雖然帶來了龐大的經濟利益，但卻也有與大圳直接相關的農民以臺語的諧音諷稱嘉南大圳是「咬人（kā-lâng）大圳」，諷稱管理大圳的水利組合為「水害（tsuí-hāi）組合」，充分流露出對大圳的深惡痛絕。到底如此強烈的不滿是從何而來呢？

## 施工建設影響了生活起居

一九二七年，為了推進烏山頭水庫的建設工程，必須遷離一百五十戶農民，移往崙背、北港等海岸方向。但是農民不願放棄先祖所留下的土地，就算大圳組合想買下來，也不知道合理地價到底是多少，就這樣維持了數年的抗爭。直到一九三〇年，這些「釘子戶」的抗爭才陸續平息。

一九三〇年烏山頭水庫建成、開始蓄水後，無可避免地淹沒了許多在地村莊，大小道路也一併沉入水底，尚存村莊間的交通、孩子上學，甚至婚嫁迎娶都變成以竹筏互通往來，雖然看似別有一番特殊風景，但划著船的居民心情肯定一點都不美麗。

## 工程費負擔沉重引起不滿

施工完成後結算下來，大圳的總工程費共花了五千四百多萬日圓，日本國庫負擔約一半的經費，剩下一半的二千七百萬圓左右就由「水利組合關係人」——也就是地主來負擔，大多數經費都是先向銀行、國庫借款，再由地主逐年償還。

當時的地主每年要繳交「臨時賦課金」每甲十圓（後來經抗議降為七圓、六．五圓，最後甚至降到一甲五圓），地主在繳交這些費用後，轉手就轉嫁到佃農身上。繳不起的人也曾經要求「退租」不再使用大圳——當然，這是不被允許，也是不可能的，要怎麼叫灌溉水繞過你家農田呢？

對農民而言，大圳還沒給水或給水時因故中斷都要照收使用費，當然就繳得心不甘情不願。後來官方更強推三年輪作制，還強制給水、斷水，控制農民種植指定作物，對於想依價格高低自由選種甘蔗、稻米或其他作物的部分農民來說，使用大圳簡直就像「強迫中獎」，還得要負擔工程費，當然對大圳就不會有好感了。

## 對三年輪作制度的抗拒

從八田與一向總督府提出的計畫案可知，嘉南大圳建造之初就預設要實施三年輪作制度，為的是節省灌溉用水、保存地力。這樣的想法曾經被時人批評為「偏袒製糖會社，為其確保甘蔗原料」*，雖然事實並非如此，但是輪作制度一定程度上是為確保殖民者所需要的米、糖都有固定產量，卻是不爭的事實。

雖然八田與一等人為了說服農民接受三年輪作制，積極在多處進行輔導，但三年輪作制度以地域區分種蔗、稻米、雜作而分別給水的方式，畢竟違背了農民原有耕作習慣以及選擇耕種高經濟價值作物的自由，加上一年只種一樣作物的單一耕作計畫又帶有歉收風險，令農民無法完全掌握收益，當然會產生反感。即使如此，官方依然以獎勵輪灌、強制配水的措施，並佐以製糖會社與警察的介入，強迫農民配合三年輪作耕作方式。

在大圳完工、全面實施三年輪作制度下，農民也確實獲得利益，例如截至一九三七年為止，大圳灌溉區內改良近二萬五千甲中，有將近三十五%的看天田變成了水田；一九三八年，大圳灌溉區內每甲農業生產價值與土地買賣、租賃價格比建造工程前大幅提高了四至五倍。但是對輪作制度的不滿，卻依然成為嘉南農民運動的成因之一。

## 徵收水租加重農民負擔

一九三〇年大圳完工之後，管理大圳的「公共埤圳嘉南大圳組合」為維持水利設施的正常運作及指導用水，依行政區街庄範圍設置了水路監視所、灌溉監督所，實際的給水、配水、水路維修管理等業務則由實行小組合負責，農民皆須加入組合，聽從組合配水安排，並每年繳交組合費。

---

* 偏袒製糖會社，為其確保甘蔗原料：這個說法根據現今研究成果證明並不成立，製糖會社並未從大圳建設中獲取像預期那樣多的利益。原本部分農民會選擇種植甘蔗，就是因為灌溉用水不足，甘蔗又較水稻耐旱，如今嘉南大圳提供用水，農民當然就是「有水就種米」，嘉南大圳通水反而造成蔗作面積縮減、糖價下跌。

組合費包括兩種：一是「普通水租」，用來維修與維持水圳運作；二是「特別水租」，是用來向銀行等償還大圳建設工事費用的「債務」。

當時，嘉南大圳的水租收費標準為每年每甲二十三圓，其中八圓是普通水租，特別水租十圓，還另加臨時賦課金五圓（見前述）。二十三圓若分攤到每個月，等於每月要繳納接近二圓的水租，實在是相當沉重的經濟負擔*，一九三〇年十一月的《臺灣新民報》就曾報導「因受嘉南大圳的強迫，貧困地主賣子納水租」的情況。

尤有甚者，大圳給水方針時有調整，令農民無所適從。例如種蔗農民因甘蔗較為耐旱，並不需要大圳分配給水量，卻一樣要繳交水租；或有時候不通水還要繳交水租，官方也不多做解釋，只是打官腔「請農民諒解」。這樣的狀況當然會讓農民火冒三丈了。

## 大圳歸大圳，政治歸政治？才沒這回事

嘉南大圳的複雜面向，還顯示在臺灣民族運動者對嘉南大圳的批判上。一九三一年，臺灣民族運動家楊肇嘉**組成「臺灣問題研究會」，在東京發行了《嘉南大圳問題》一書。這本書只是五十幾頁的薄薄冊子，內容卻是大大批判了嘉南大圳從計畫到竣工的方方面面。

全書一開始就批判一九三〇年六月在嘉義舉辦了豪奢盛大通水儀式的嘉南大圳，完全是有害而無用的廢物，農民還未受到好處，就要被苛斂沉重負擔。接著簡述大圳建設理由與計畫，直指龐大工事費用濫用了國庫金，花費在聘用不必要人員、支付高額俸給，猶如「養老院」；

甚至層層為各地區街庄長所苛扣，工人血汗付諸流水。

不僅如此，書中繼續指陳完工後的大圳屢屢出現淹水、飲用水渾濁、斷水、給水斷斷續續等狀況，造成人民生活、農業、經濟的莫大損失；三年輪作制度給水的設計，無視土地性質便強迫農民接受，根本是破壞農民耕作習慣；加上沉重的水費負擔，農民收入沒有因而增加，導致迫於生活與水租負擔的農民，開始如前述一般出現抗爭。最後結尾自道出版目的是為了讓日本內地人民了解大圳在臺灣造成的慘狀。

---

＊ 水租到底有多貴？根據吳聰敏的研究指出，一九三一年臺灣農戶平均每個成人每年消費的白米約為一・五五石（約二百二十一・五六公斤），以當時的平均米價計算，每人每年大約要花二十一・六六圓購買白米。換句話說，嘉南大圳每年每甲的水租，幾乎相當於一戶可以耕作一甲地的五口之家中一個成年人的一整年口糧費。

＊＊ 楊肇嘉：出身臺中清水，一九〇八年赴日讀書，一九一七年回臺代理牛罵頭區長，一九二〇年任清水街長。在此期間，受到臺灣民族運動者蔡惠如影響，投入臺灣議會設置請願運動。一九二六年進入早稻田大學攻讀政治經濟，同時擔任在東京臺灣留學生政治運動團體的「東京新民會」常務理事。曾在一九三〇年刊印《臺灣阿片問題》抗議臺灣總督府重發鴉片吸食牌照，迫使總督府收回成命。

書中還特別點出，八田與一才能平庸，只是因「功利熏心」才提出這種不可能實現的計畫。甚至控訴工程完工後正逢不景氣時代，卻還發放了五十六萬圓高額獎金給幹部，包括管理者枝德二自肥十萬圓、八田與一、筒井丑太郎等技師各拿取數萬圓，實為濫費。對照大圳建成後頻出狀況，足見管理者枝德二等人之無能。

這本書固然反映了大圳造成農民強烈不滿和沉重負擔，但也攙雜了作者投入臺灣民族運動的立場而對八田等主事者的偏頗批判，反而難以辨認事實真假了。

你或許會好奇為什麼會出現這樣混雜真假的批評，這要從《嘉南大圳問題》一書作者本人說起。該書作者楊肇嘉雖然自幼受日本教育長大，但因感受到日本對臺殖民不公，遂加入臺灣民族運動，反抗殖民壓迫。鮮明的政治立場，使他在評論大圳問題時，偏重凸顯大圳的負面效應，一概不談正面影響，並且混入對八田等主事者的臆測與不公允的評價，呈現了一面倒的批判。雖然楊肇嘉的評價並不客觀，卻也讓我們看見嘉南大圳在風起雲湧的一九三〇年代，不免因樹大招風，成為民族運動的箭靶。

## 大圳的光與影：歷史的多面性

嘉南大圳從計畫、建設、完工到使用所牽涉的官員、技術者及地方民眾，可謂數以百萬計。這麼多人各自懷抱的思維複雜，構築成了另一座無形的嘉南大圳，既有十年努力大功告成的壯闊光明，也有長達數十年不曾停止的抗爭陰影。

大圳的建造起因來自日本統治者對臺灣米糧供應日本本國的需求，為了滿足此一需求，便需要改善米糧產區的灌溉設施，背後隱含著臺灣米穀生產體制被納入日本帝國圈之內，臺米因應日本市場需求而單向輸出。「米騷動事件」催生了大圳，大圳計畫的實行可以說是日本帝國對外擴張時，對內部糧食供應機制失靈的補救措施。大圳建造完成後，也配合蓬萊米的研發成功，使得臺灣米穀產量大為提升，輸出日本的米穀數量隨之增加。大圳的後續運作，更為統治者帶來超出期望的效果，但也引發了社會的若干動盪，在往後的歲月中，統治者因而得花費相當大的力氣來弭平這些衝突。

再從臺灣社會的角度來看，大圳的建成帶來用水便利、農產品產量提升、荒地改良、地價上漲等好處，也連帶產生統治者進一步控制用水、操縱種植作物種類等缺點。

基於這些狀況，我們可以了解要想評價一段歷史，應該區分「動機」、「實行」、「後果」，每一部分都沒有絕對的黑白，必須謹慎考量並納入多方面向。

如果我們推斷出對大圳正面評價是多麼複雜的歷史事實，也就不難理解本章開頭的八田與一銅像斷頭事件，其實是來自截然不同的理解歷史脈絡。

總結來說，無論對大圳的評論是好是壞，至少不能否認大圳從設計、建造到完工，仰賴著臺灣、日本許多有名、無名英雄的共同努力（照片4-10）。這些人有人如八田與一有發光發熱的歷史地位，更多人則是默默盡忠職守，他們共同創造出九十年後仍能在嘉南平原上運作如常的龐大水利設施。

照片 4-10　1929 年烏山頭儲水池餘水吐及送水工程開工紀念。
中央最前面雙手交握蹲坐者即為八田與一，其左側為長子八田晃夫，右側持帽者是筒井丑太郎。

烏山頭貯水池餘水吐并送水工事起工式紀念
昭和四年二月十六日

# CHAPTER 5

# 改變這塊土地：為嘉南平原動手術

撰文者——林佩欣、陳家豪、郭忠豪

「獲得供水的農民收入增加了，而只有該地區可採用現代農業技術。然而，未獲得供水的農民則將永遠固守傳統的農業技術，無法脫離貧窮。同是嘉南的農民，因其耕地不同，被明確地分為富農及貧農，這對臺灣的將來絕對不是好現象。我是農家子弟，我認為再也沒有比怎麼樣耕作都不能收穫的農民更慘了。」——八田與一，一九一八年調查報告。

這段話永遠永遠地改變了嘉南平原。

你如果曾來到嘉南平原，對於綠油油的田野以及大小縱橫的灌溉水圳一定印象深刻。但你可能無法想像百年前的嘉南平原西部盡是鹽分土地，除了闢作魚塭外，無法種植任何農作物。

如果以人體來比喻平原，農田如同細胞，水路有如血管，各地的埤塘則像是吸引養分提供能量的消化器官（圖5-1）。每

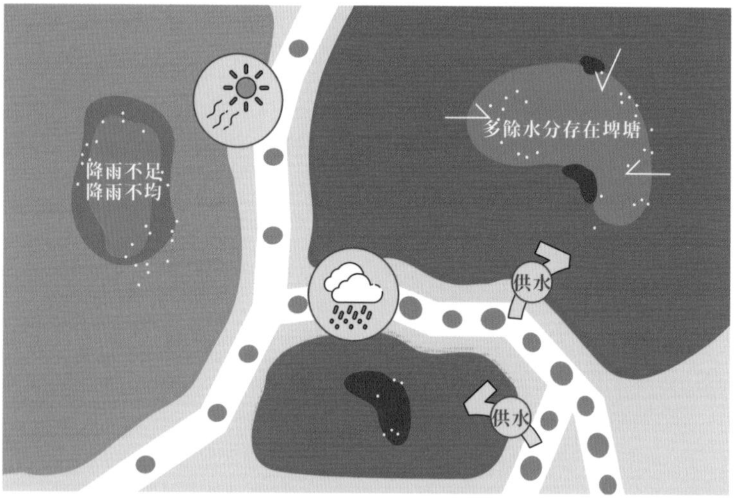


圖 5-1　灌溉系統對嘉南平原的重要性。
嘉南大圳這個水利系統就像穩定調節身體血量的「心臟」，讓水分經由「血管」般的水路，穩定運送到平原的「細胞」——農田，並且還有「排毒」效果，能稀釋、帶走土壤的鹽分。

到下雨之際，就像是平原努力喝水，然後將水供給「細胞」，多餘水分就存在埤塘中。可是，這個「消化器官」卻因為降雨不足或降雨不均，時常遊走在暴飲暴食跟極度飢餓的兩端。偏偏嘉南平原缺乏穩定調節身體血量的「心臟」（灌溉系統），而且它的身體裡塞了太多鹽分，慢性地拖垮了健康。

有了嘉南大圳可以說是給嘉南平原裝上人工「心臟」，讓烏山頭水庫（與後來的曾文水庫*）儲存的水源能供應嘉義以南，同時也引入濁水溪灌溉嘉義以北，從此「血液」可以順暢注入到「大動脈」（大圳幹線），然後導入到「小動脈」（大圳支線與分線），再流進「微血管」（小給水路），再也不受降雨的限制。這個「心臟」除了可以將水輸給到「細胞」，以利耕作，也透過排水圳路幫身體「排毒（鹽分）」（圖5-2）。

既然有了調節水源的心臟，埤塘這個消化器官如何處置呢？直接像割闌尾一樣割掉嗎？不，既有的埤塘大多被保留下來，讓部分新建的水道通過埤塘，埤塘就成為了嘉南大圳的補充水源。嘉南大圳完工通水之前，嘉南平原的主要埤塘有十九處，若以目前的蓄水量去計算，合計為六百三十一萬六千二百立方公尺（圖5-3）。此一蓄水量不到烏山頭水庫的一成，卻經常在

---

＊曾文水庫：當時八田與一除了規劃烏山頭水庫、嘉南大圳之外，也曾在曾文水庫現址附近規劃水壩，但因戰爭因素未能實現。到了一九五九年時，臺灣省水利局發現水量更加豐沛的曾文溪水未被善加利用，再度檢視八田未完成的計畫而重新規劃曾文水庫。終於在一九六七年十月動工，一九七三年十月完工。但高昂的費用始終是農民不滿的根源，引發抗爭多年，直到一九九二年才落幕，在地方人士的串連下，迫使嘉南農田水利會停徵水租與小組費，改由水利會自籌款項補齊費用。

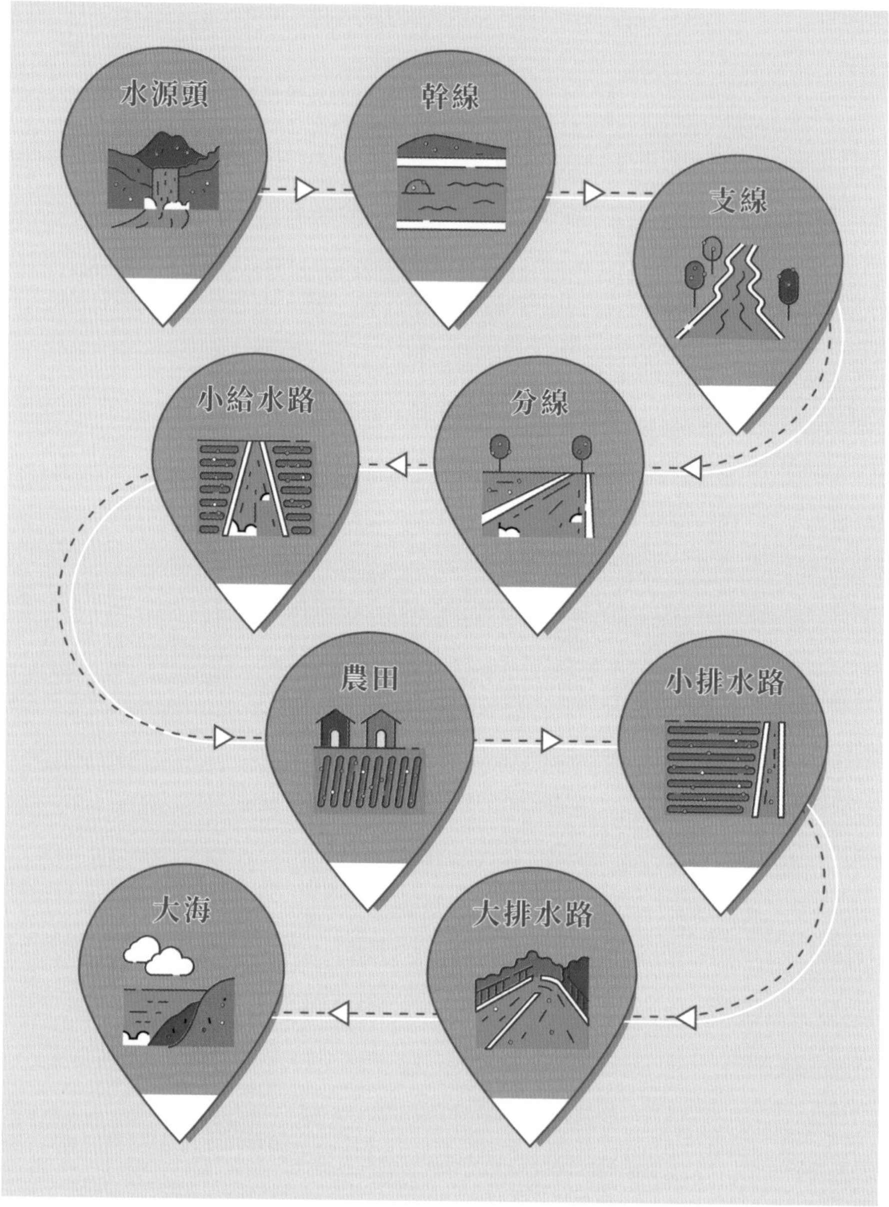


圖 5-2　嘉南大圳的「水路」分工。

| 名稱 | 位置 | 目前總蓄水量(立方公尺) |
| --- | --- | --- |
| 牛挑灣埤 | 嘉義縣朴子市 | 131,400 |
| 馬稠後蓮埤 | 臺南市白河區 | 161,000 |
| 番子田埤 | 臺南市官田區 | 1,034,876 |
| 瓦嗂埤 | 臺南市六甲區 | 77,000 |
| 虎頭埤 | 臺南市新化區 | 1,357,736 |
| 北廍埤 | 臺南市官田區 | 39,394 |
| 九芎埤 | 嘉義縣水上鄉 | 60,000 |
| 鹽水埤 | 臺南市新化區 | 755,800 |
| 林初埤 | 臺南市白河區 | 295,000 |
| 將軍埤 | 臺南市白河區 | 222,000 |
| 埤斗子埤 | 臺南市白河區 | 22,900 |
| 烏樹林埤 | 臺南市官田區 | 99,563 |
| 北勢埤 | 臺南市新化區 | 395,000 |
| 大潭埤 | 臺南市關廟區 | 531,000 |
| 埤子頭埤 | 臺南市關廟區 | 397,000 |
| 埤寮埤 | 臺南市新營區 | 165,000 |
| 岩後埤 | 臺南市官田區 | 115,117 |
| 洗布埤 | 臺南市六甲區 | 384,414 |
| 菁埔埤 | 臺南市六甲區 | 72,000 |

圖 5-3　嘉南大圳的主要埤塘及其蓄水量（1930）。

關鍵時刻發揮作用。

手術過後的嘉南平原雖然恢復得不錯，但為了保持身體機能的穩定，不要二度復發，所以還需要有一帖「長期處方箋」讓嘉南平原定期服用，此一處方箋就是——三年輪作制度。

## 嘉南平原的長期處方箋：三年輪作

在大圳開工之後，總督府花費五年時間，詳細探勘嘉南平原的土地，擬定各地的給水方式*。大圳完工之後，即開始執行輪作制度，以蔗作和稻作為主，間雜冬、春兩季的旱季作物（例如甘藷、蔬菜等）。

水利組合根據土地位置及灌溉排水系統，每一百五十甲劃為一給水區，由水利實行小組合負責管理、維護區內水路與分配用水，各區分別進行「大輪灌」（圖5-4）。至於同一區內田地的灌溉順序，則以地域、時間與位於給水路的位置來排定，稱為「小輪灌」。

三年輪作制度從大圳完工後，逐漸在廣大的嘉南平原推展開來。不過，全面推展並非

---

* 五年的探勘：這次的探勘於一九二二年到一九二六年間執行，調查的項目包括氣候、土質、耕土深淺、深耕效果、肥料、灌溉次數、土壤滲透量等。

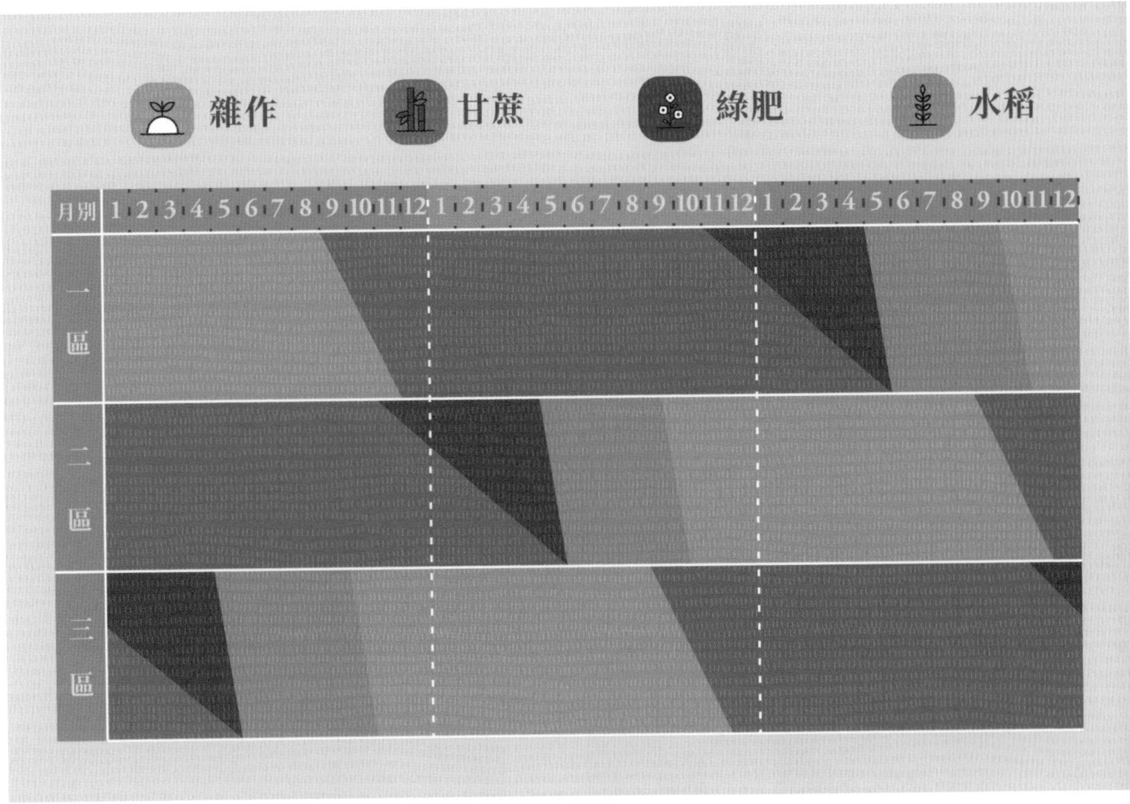


圖 5-4　三年輪作分配圖。
每一給水區再以 50 甲為單位劃分 3 小區，其中一區於夏季栽培水稻，一區種植甘蔗；此兩區按時給予必要之灌溉。其餘一區為雜作區，概不給水。依照此方式按次循環利用，以 3 年為一週期，就是所謂的「大輪灌制度」。

一蹴可幾。由附圖可以看出，嘉南大圳完工之初的一九三一年，在甘蔗區僅有約三分之一的農田、稻作區也只有約一半的農田實施三年輪作制度；雜作區實行輪作的比例雖然超過六成，可是該區本來就不供水，三年輪作制度實施與否並不影響整個灌溉體系的運作效率。

到了一九三四年，稻作區實行輪作的增長幅度便極為顯著，雜作區反而變動不大（圖5-5）。進入一九四〇年代，不論是甘蔗區或者稻作區，實行輪作的比例都超過八成。可見此一灌溉體系在日本帝國即將戰敗之際，已全面普及於嘉南平原的大地了。

## ⁂長達百年的調整體質：土地改良

如果說興建嘉南大圳是心臟手術，實施三年輪作是長期處方箋，兩者合一的成效，除了穩定供水之外，就是嘉南平原的土地因此改良了。就土地改良議題上，當時日本諸多專家提出過相當多且精闢的見

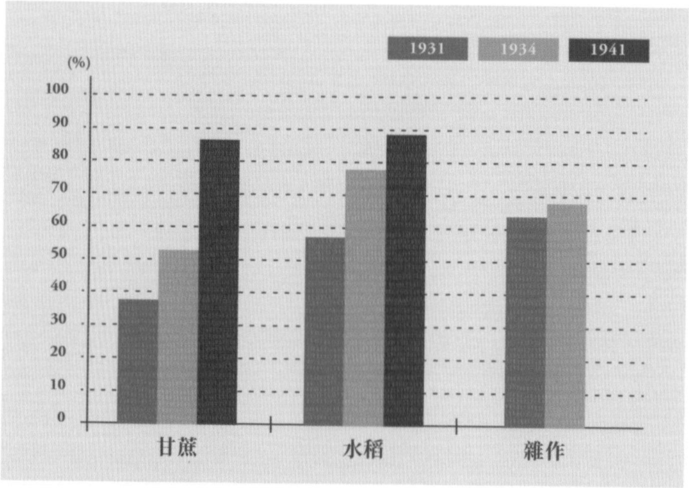


圖 5-5　三年輪作制度的實施成效比較。
1941 年無雜作區的統計，故從缺。

解，例如曾任「臺灣水利協會」會長的小栗一雄就認為臺灣諸多地區需要重視灌溉的埤圳規則、土地改良與土壤保持。水利專家降矢壽也曾指出改良嘉南平原土地的目標是增加農作物產量，因此需要人力資源的投入，例如灌溉管理上需配有「專任灌溉管理人」負責不同地區的灌溉事務，更重要的是簽訂契約來規範不同團體的權利與義務。因此，臺灣總督府於明治三十四年（一九〇一年）發布法律「公共埤圳規則」*，加強重視公共埤圳，並於一九二一年正式成立「公共埤圳嘉南大圳組合」，投入嘉南平原土地改良的調查工作。

臺灣當時到底有哪些土地需要改良呢？八田與一曾提到：臺灣土地山多田少，因此包括沼澤、山地、排水不良地、鹽分地、酸性地與河床地等都可以納入改良範疇，將它們改良成有利用價值的土地。

當大家產生土地改良的共識後，目標就對準嘉南平原內包括貧瘠土地與鹽分土地進行改良，但仍須因地制宜。根據資料記載，一九三二年起，臺南就透過排水設施（增加排水溝與排水路）、新設農道（開闢幹線與支線道路）與管理耕地（翻鬆土地、深耕堆肥與土壤保持）等措施來避免沿海地區的鹽分上升。這些舉措雖然有不錯的效果，但在虎尾、斗六與嘉義等臺南

---

* 公共埤圳規則：為提升管理品質，解決水私有化的問題，日本統治臺灣之後，開始推行埤圳公共化政策，賦予水利設施法人資格，將臺灣原本私人擁有的水利事業逐步公共化，其中以一九〇一年頒布「臺灣公共埤圳規則」十六條影響最大，後又陸續公布其他規範，顯示國家權力正式介入水利組織，開啟了臺灣水權公共化及水利法治化的時代。

以北的地方效果卻有限。

整體而言，嘉南大圳的完工確實改善了嘉南平原西部鹽分甚高的土地，從當時許多日本水利專家的研究報告，可以得知過去無法種植任何農作物的土地，在經過改良計畫後，已經可以種出秈稻（在來米）以及其他穀物了。

甚至因為種植稻米的收入比養殖虱目魚的收入增加兩倍之多，將鹽分地區的魚塭變成水稻田，顯然是相當值得投入的好事業。日人對此改良成果感到相當興奮！

不過，土地改良需要漫長的時間，即使到了二戰後，國民政府來臺，當時嘉南沿海地區土壤鹽化問題依舊存在。一九五〇年代《聯合報》便曾報導臺南縣政府利用嘉南大圳的餘水來改良黏質土壤，可是除了魚塭之外，很多土地仍相當貧瘠，無法務農，因此當地百姓普遍收入不佳。顯然嘉南地區境內仍有不少鹽分地、黏土地與砂質地無法種植農作物，因此土地改良必須持續進行。

此外，土地改良的人力安排、地方團體的協調與後續的追蹤報告（例如不同地區的鹼性土壤在灌溉水源沖刷後鹼性是否下降？不同地區應該分別種植哪些作物確保鹽分比例不會上升？）也都需要持續投入資源。

戰後負責嘉南平原灌溉與土地計畫的單位換成「臺灣省嘉南大圳水利委員會」，結合境內不同地區水利工作站接續進行改良計畫，鹽分地區的土壤品質雖有改善，但長久以來土壤鹽分高、石粒多、海風強與排水差的狀況並未完全消除，經過改良的土地雖然可以種植作物了，但品質與產量仍不盡人意。近來當地農民則是利用不同方法改善土壤品質，陸續種出洋香瓜、小番茄、紅蘿蔔與牛蒡等作物。

總之，調整體質的工作雖已長達百年，卻仍在進行中。

## ⁂嘉南大圳的豐厚回饋：旱田水田化

嘉南大圳完工對於嘉南平原農業生產帶來巨大的正面效益，應該是無庸置疑。我們從現實利益的角度評斷嘉南大圳時最直接的標準就是：這些正面效益是否超過了興建成本？實質效益又是由哪些人所共享？

衡量所有成果，嘉南大圳對於嘉南平原最直接的貢獻，在於旱田水田化。唯有旱田水田化，所有的轉作、科學農法、肥料使用等綠色革命的相關方法才有可能在嘉南平原產生作用，從而提升整體生產量與作物價值。

根據資料顯示，一九三一年以前，全臺灣水田面積對耕地面積之比例始終低於四成，換句話說，旱田超過六成。不過，嘉南大圳正式通水隔年的一九三二年，水田面積不僅在甲數有明顯擴張，全臺灣水田面積之比例亦一舉突破四成，達到四十三．一％（圖5-6）。實際上，此一比例在一九四二年更上升至六十三．八％。

原先的嘉南平原大致可以縱貫鐵道為分界，區分出兩大耕作環境：縱貫鐵道以西，是典型的看天田或者說鹽分地帶；縱貫鐵道以東，近山丘陵地帶水源相對較為穩定，早期水利開發也較多，所以水田化比例就高於縱貫鐵道以西。

| 年度 | 水田 面積(甲) / 所占比例(%) | 旱田 面積(甲) / 所占比例(%) | 耕地總面積(甲) |
|---|---|---|---|
| 1920 | 89,736 / 34.8% | 168,488 / 65.2% | 258,223 |
| 1921 | 88,692 / 34.5% | 168,483 / 65.5% | 257,176 |
| 1922 | 88,012 / 34.2% | 169,447 / 65.8% | 257,459 |
| 1923 | 89,322 / 34.7% | 168,318 / 65.3% | 257,641 |
| 1924 | 89,390 / 34.6% | 169,052 / 65.4% | 258,442 |
| 1925 | 90,657 / 35.0% | 168,678 / 65.0% | 259,334 |
| 1926 | 90,394 / 34.7% | 170,139 / 65.3% | 260,533 |
| 1927 | 90,394 / 34.7% | 170,139 / 65.3% | 260,533 |
| 1928 | 90,460 / 34.6% | 170,907 / 65.4% | 261,368 |
| 1929 | 90,134 / 34.5% | 170,936 / 65.5% | 261,071 |
| 1930 | 90,412 / 34.5% | 171,334 / 65.5% | 261,745 |
| 1931 | 90,644 / 34.6% | 171,341 / 65.4% | 261,985 |
| 1932 | 113,773 / 43.1% | 150,118 / 56.9% | 263,891 |

圖 5-6　嘉南平原水旱田面積及比例的變化。

嘉南大圳通水之前的一九一九年，縱貫鐵道以西的行政區的水田化比例僅十六．三七％，除了東石郡的三十一．四八％稍微高一些，其餘都在二十％以下，北門郡甚至僅有三．七四％、北港郡更是低到只有〇．二一％。相較於此，縱貫鐵道以東的行政區的水田化比例達到四十七．二四％，新營郡與嘉義郡都超過五成，嘉義郡甚至接近六成。到了嘉南大圳通水之後的一九三五年，短短四年間，縱貫鐵道以西的水田化比例從十六．三七％提高到五十五．二八％，縱貫鐵道以東的水田化也由四十七．二四％提高到五十八．七六％，都有非常驚人的成長（圖5-7、5-8）。以上的統計數字分析或許略嫌枯燥，可是，我們從中能清楚看到嘉南大圳的萬里水路的確全面推進了嘉南平原的水田化。

從土地的價值變化也可以清楚看見大圳完工前後的對比，一九三七年的實際產值都明顯超過官方預估值。

有關地價*方面還可以進一步看出，嘉南大圳施工前到一九三七年這段期間，地價以下則田的上漲幅度最大，接著是中則田與上則田。這些分類基準就是註解所提過的土地生產能力，

---

* 如何估量土地的價值：土地的地價與一般住宅商店不同，它與產值有連動關係。產值是指農產品在市場上的價值，公式是「產量×單價＝產值」。農地地價是直接以土地的生產能力去估算，生產能力不單純只是「生產量」，更重要的是生產出來的農作物能夠賣多少錢。因此產值高的土地當然價高。

| | 1919 | | | 1935 | | |
|---|---|---|---|---|---|---|
| | **縱貫鐵道以西** | | | | | |
| | 耕地面積（甲） | 水田面積（甲） | 面積比例（%） | 耕地面積（甲） | 水田面積（甲） | 面積比例（%） |
| 臺南市 | 1,718 | 248 | 14.44 | 1,739 | 228 | 13.11 |
| 北門郡 | 14,802 | 554 | 3.74 | 17,992 | 7,936 | 44.11 |
| 虎尾郡 | 30,986 | 5,496 | 17.74 | 35,168 | 22,908 | 65.14 |
| 北港郡 | 21,291 | 44 | 0.21 | 26,402 | 13,715 | 51.95 |
| 東石郡 | 32,533 | 10,241 | 31.48 | 32,334 | 18,031 | 55.76 |
| 小計 | 101,330 | 16,583 | 16.37 | 113,635 | 62,818 | 55.28 |
| | **縱貫鐵道以東** | | | | | |
| | 耕地面積（甲） | 水田面積（甲） | 面積比例（%） | 耕地面積（甲） | 水田面積（甲） | 面積比例（%） |
| 新豐郡 | 20,455 | 6,824 | 33.36 | 21,886 | 6,895 | 31.50 |
| 新化郡 | 22,732 | 8,367 | 36.81 | 23,613 | 13,921 | 58.95 |
| 曾文郡 | 16,276 | 6,779 | 41.65 | 15,384 | 11,916 | 77.46 |
| 新營郡 | 26,991 | 14,314 | 53.03 | 27,147 | 20,688 | 76.21 |
| 嘉義郡 | 38,972 | 23,171 | 59.46 | 36,124 | 20,913 | 57.89 |
| 斗六郡 | 23,255 | 10,786 | 46.38 | 24,278 | 12,882 | 53.06 |
| 小計 | 148,681 | 70,241 | 47.24 | 148,432 | 87,215 | 58.76 |
| **總計** | **250,011** | **86,824** | **34.73** | **262,067** | **150,033** | **57.25** |

圖 5-7　嘉南大圳完工前後嘉南平原各地水田面積及比例的變化。

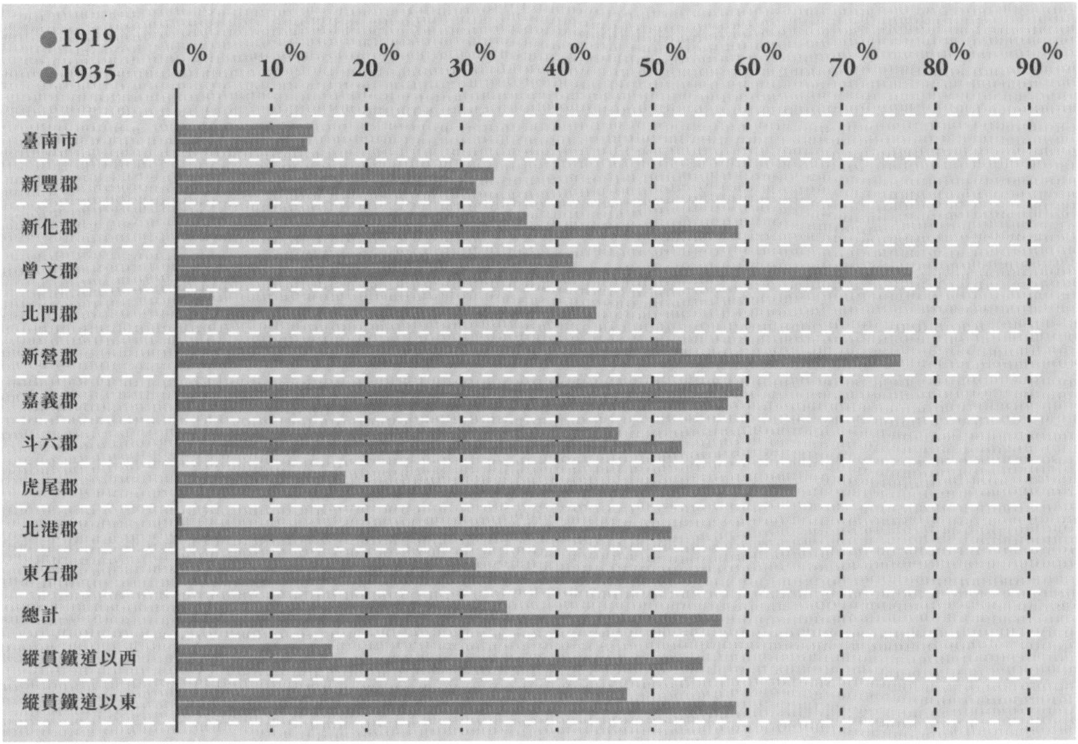


圖 5-8　嘉南大圳完工前後嘉南平原各地水田比例的增長。

上則田指的就是土地生產能力最高的田，其他依次類推。所以，當地價的上漲幅度呈現出「下則田＞中則田＞上則田」的排序時，就意味著下則田的生產力大幅上揚，成為熱門的標的物（圖5-9）。

為了興建嘉南大圳，臺灣總督府對於預計通水地區的產值、地價、作物生產狀況等皆進行詳盡調查，嘗試預估此一劃時代工程可能帶來的經濟效益。從一九三九年出版的《臺灣公共埤圳嘉南大圳事業組合概要》可以看到，官方預估產值會從施工前的一千四百一十六萬五千三百二十九日圓增加到三千四百五十萬五千零八十九日圓，地價從施工前的四千九百零三萬一千一百零五日圓增加到一億四千四百四十三萬七千七百日圓，各自增加二·四四倍與二·九五倍。然而，一九三七年嘉南平原通水地區的實際產值與地價，卻大幅成長為五千零七十二萬二千一百三十四日圓與二億零六百三十四萬日圓，相較於施工前各自增加三·五八倍與四·二一倍，顯然已超過官方的預估值。

接著就應該探討嘉南平原的產值與地價的抬升動力是什麼了。答案之一應該是旱田水田化後，原先貧瘠的下則田可以種植更多產值高的水稻（照片5-1）。《臺灣公共埤圳嘉南大圳事業組合概要》就詳細記載水稻耕作面積從一萬三千一百六十甲，增加為四萬九千六百八十七甲（一九三七年），反觀旱作的雜作面積則從八萬九千六百八十九甲，減少為五萬零七百三十六甲，耕地出現明顯變化。

隨著水稻耕作面積大幅增加，水稻收穫量與收穫價值皆可見到明顯成長。

然而這個結果卻出現奇怪的現象，就是從平均每甲的收穫量與收穫價值來看，水稻反而落

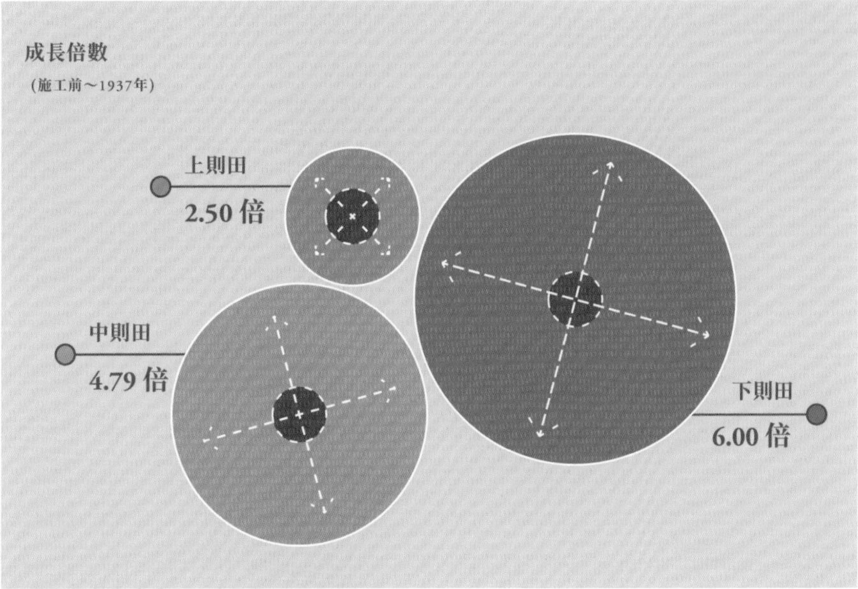


圖 5-9　嘉南大圳完工前後地價的成長倍數。

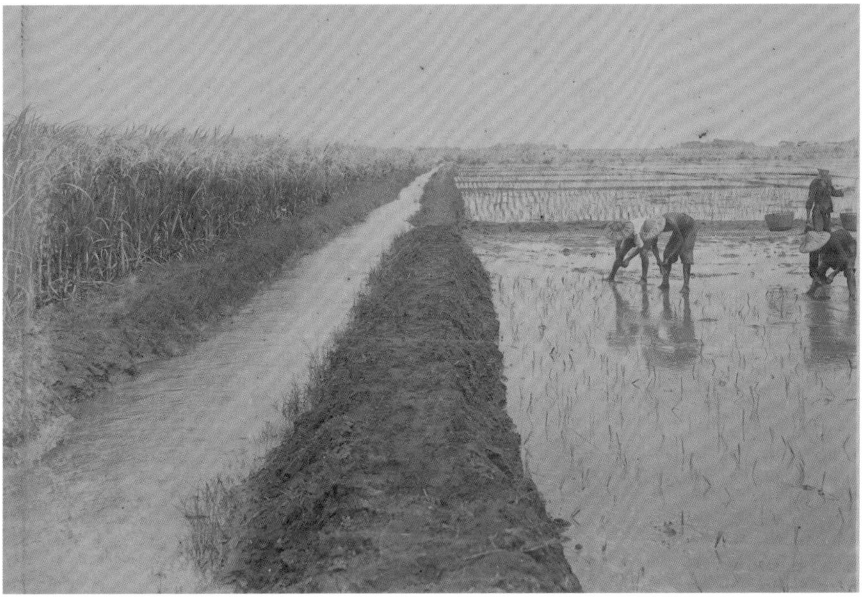

照片 5-1　北港郡的水田和蔗田。
嘉南大圳使旱田水田化，提升農業產值，也抬升地價。

後於甘蔗與雜作（圖5-10），對此應該如何解釋呢？其實這正呈現出旱田水田化的另一好處：種植甘蔗與雜作的農民也因為灌溉用水穩定而提升產量。

基於以上分析，我們可以更深入理解：因為萬里水路的鋪設，讓縱貫鐵道以西原本地力不良的農田，可以轉作水稻或者一口氣提升甘蔗、雜作的單位面積生產能力（照片5-2）。嘉南大圳在整個嘉南平原灌溉系統的關鍵性，由此可見一斑！

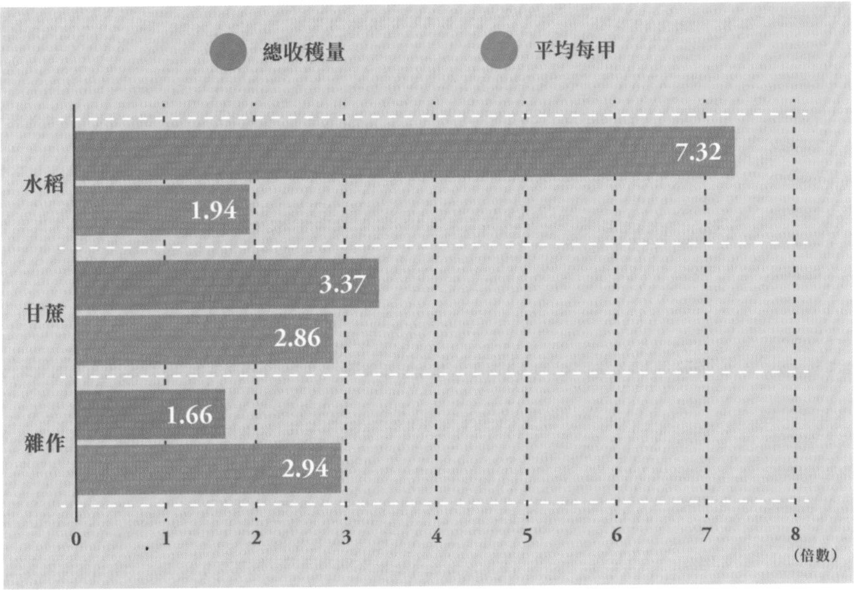


圖 5-10　嘉南大圳完工前後三大作物收穫量的成長倍數。

照片 5-2　嘉南大圳貫穿後壁地區（日治時代屬新營郡），使本地廣為種稻，所生產之稻米香Q 可口，品質極佳。

# CHAPTER 6

# 你所不知道的大圳面向

撰文者——林佩欣、陳力航、郭忠豪

第一節

# 跨越時代的組織：從水利組合到水利會

從嘉南大圳開工起算，到二〇二〇年已滿百年，在這百年歲月中，有一組織與嘉南大圳始終形影不離，它的名字曾經多次改變，組織也曾經多次調整。但是，只要大圳還在一日，它就不可能消失，那就是今日位於臺南市的「嘉南農田水利會」（照片6-1）。

## 每次改名都是大事

綜觀水利會的沿革，屢屢與政府的政策有密切關係。此事要溯源到一九一九年的臺灣總督田健治郎，當時他推動有限度的自治，賦予地方公共團體有自營公共事業之權利，「公共埤圳官佃溪埤圳組合」就在此時成立。

在本書第二章也提到，一九二〇年代為了推動稻米增植計畫，使得總督府對於水的掌控更為殷切。在地方自治及對水利掌控的雙重因素下，一九二一年總督府頒布法令，將「公共

照片 6-1　原嘉南大圳組合事務所，今為嘉南農田水利會。
位於臺南市中西區友愛街 25 號，被指定為市定古蹟。

埤圳」與「官設埤圳」合併改為「水利組合」，藉由控制水達到促成農作物增產的目的，於是水利事業的範圍及區域遂逐漸擴大，對民間水利事業的管理更加嚴密，臺灣的農田水利進入徹底的監督期。

「水利組合」究竟由誰組成呢？基本上就以區域內的農民或相關人士、單位為組合員*，當地首長從組合員中選出五名以上的委員，討論組合規章，經總督認可後，隸屬於臺灣總督府土木局或廳長管理——當然，許多事務都需要政府許可才可以進行。

不過嘉南大圳比較特別，從一開始成立組合就是為了興建新的大圳，因此組合的管理者一開始都由總督府與地方政府首長兼任，直到一九二一年改稱為「公共埤圳嘉南大圳組合」後，才由枝德二專任管理者，此後組合的管理者都由上級機構任命。

二戰後對於水利組合的接收與復員，基本是完全沿用日治時期的制度，各地情形大同小異。接收初期，嘉南大圳水利組合的組織只有些許調整，但由於日籍員工大量離職，於是遞補進用臺籍員工，也能藉由原本的員工穩定水利組織的正常運作。

一九四六年，水利組合改組為「農田水利協會」，與日治時期較大的差異有二：一是「去日本化」，以「協會」取代「組合」；二是協會會長改為委員互選後由上級機關委任，至於評議委員則完全由會員推選，可見水利組織的運作已漸漸轉向自治。

一九四八年起，臺灣省政府將防汛協會併入水利協會，然後改組成「水利委員會」，使水利組織恢復具有灌溉排水及水害防治的雙重功能。並且延續先前舊規，成立實行協會、實行小組或維護會，不過實行協會和日治時期的實行小組合基本上一致。

特別值得一提的是，由於水利委員會是由省政府訂頒設置辦法而改組，未經中央主管機關備案，所以無法取得法人資格。後來卻因角色不明確，缺乏法令配合而問題叢生；加上不是法人，無法徵收會費，也無法徵工、徵地，不得不舉債度日，導致嘉南大圳水利委員會的舉債額竟遠大於日治時期，衍生出種種問題嚴重影響組織運行。

到了一九五六年，上述情況才有了改善的契機。為配合執行「耕者有其田」的政策，水利委員會改組「農田水利會」。改組內容除了健全體制之外，最重要的是確定水利會為地方自治團體，法律地位為公法人，具有向會員徵工、徵地、徵費及管理事業的權利。

為了更有效利用水利資源，防止地方勢力介入或人為不當壟斷，二〇一八年一月十七日，立法院臨時會三讀通過「農田水利會組織通則」修正案，將農田水利會視為公務機關，農田水利會長及各級專任職員準用「公務人員行政中立法」，應遵守行政中立原則，依據法令執行職務，也不得兼任其他公職（圖6-1）。

---

* 組合員：由於「區域內的地主、典權人或以土地生產物為原料的製造業者」，才具有成為組合員的資格，製糖會社因此也參與了水利組合的業務。

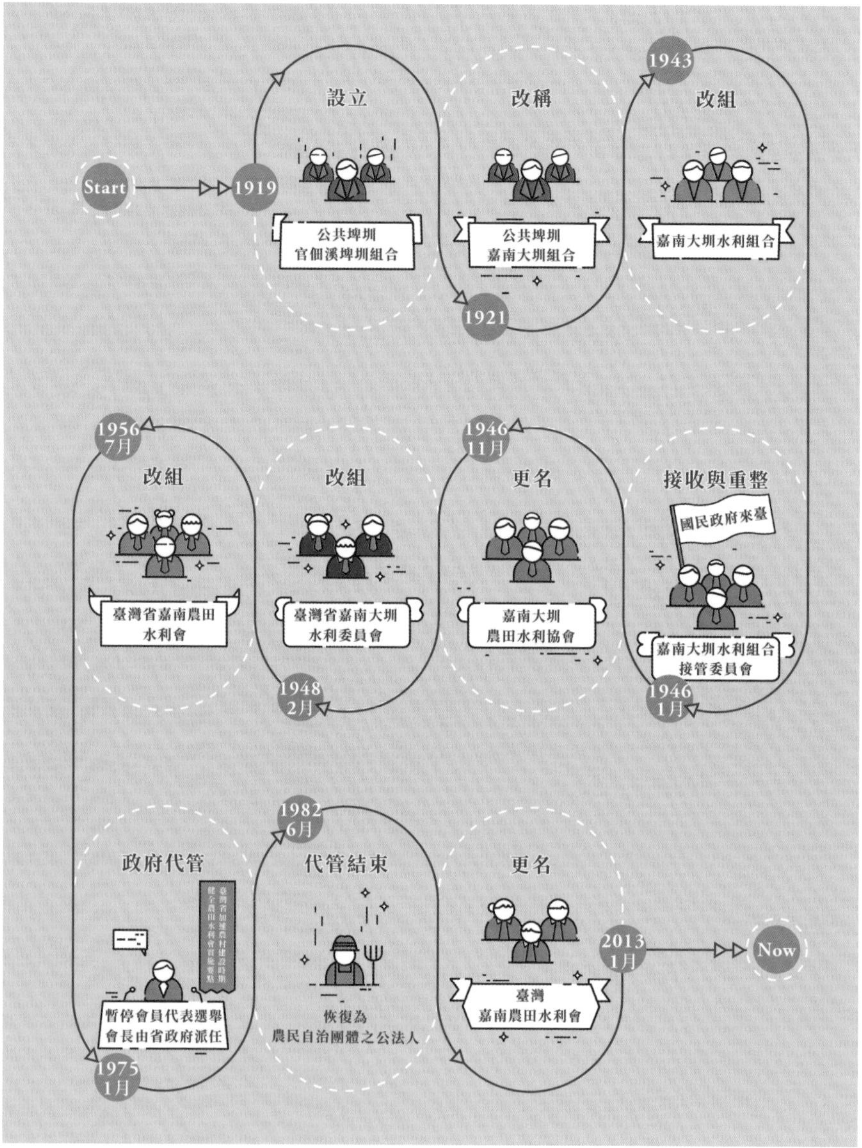


圖 6-1　嘉南農田水利會沿革大事紀。

## ⁂阿伯身分很多樣：實行小組合超級忙

一九三七年，公共埤圳嘉南大圳組合出版了《實行小組合役員の事績》（實行小組合幹部的功績）一書，用來表彰有功於水圳管理與用水分配的「小組合長」，總共五十三位。你想必會好奇「小組合長」的工作究竟是什麼，有什麼重要性必須特地表彰，而且表彰人數為何還如此之多。

從書中紀錄小組合長李仕受表彰功績的內容，或許可以窺探一二（照片6-2）。李仕受表彰時年五十歲，身分是地方的保正、日本財閥所經營製糖會社的原料委員，還是燒瓦工廠的董事，看來並非尋常人士，算得上有頭有臉。李仕之所以受到表彰的主要原因有：勵行輪作事項、修護中小排水路、分配調節灌溉用水、經營共同秧苗及共同苗圃、協助其他土地改良業務推動。

原來，嘉南大圳的管理組織為了配合三年輪作，乃於五十甲設區長、每三個區設小組合長；換句話說，小組合長就是「一百五十甲面積為灌溉給水基層單位」的管理員，而所謂「一百五十甲面積為灌溉給水基層單位」就是「實行小組合」。

實行小組合發源於一九二四年的虎尾地區，小組合跟嘉南大圳是否運作順暢息息相關，它的任務其實與剛剛所提李仕受表彰的原因有高度重疊，包括：

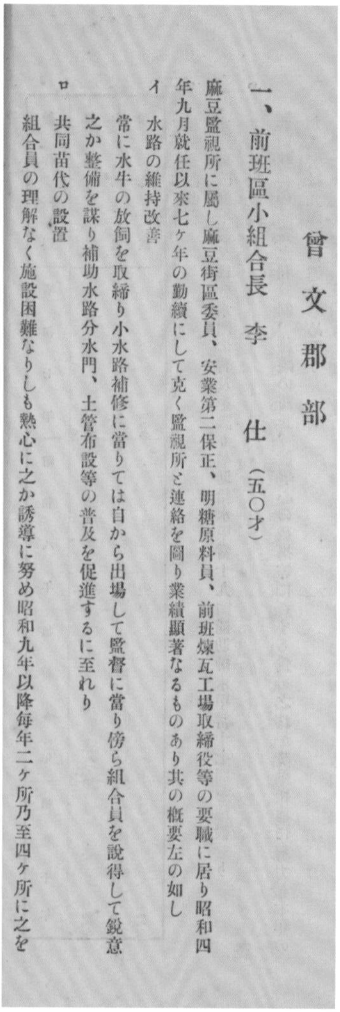
曾文郡部

一、前班區小組合長　李　仕（五〇才）

麻豆監視所に屬し麻豆街區委員、安業第二保正、明糖原料員、前班煉瓦工場取締役等の要職に居り昭和四年九月就任以來七ヶ年の勤續にして克く監視所と連絡を圖り業績顯著なるものあり其の概要左の如し

イ　水路の維持改善

常に水牛の放飼を取締り小水路補修に當りては自から出場して監督に當り傍ら組合員を説得して鋭意之か整備を謀り補助水路分水門、土管布設等の普及を促進するに至れり

ロ　共同苗代の設置

組合員の理解なく施設困難なりしも熱心に之か誘導に努め昭和九年以降毎年二ヶ所乃至四ヶ所に之を

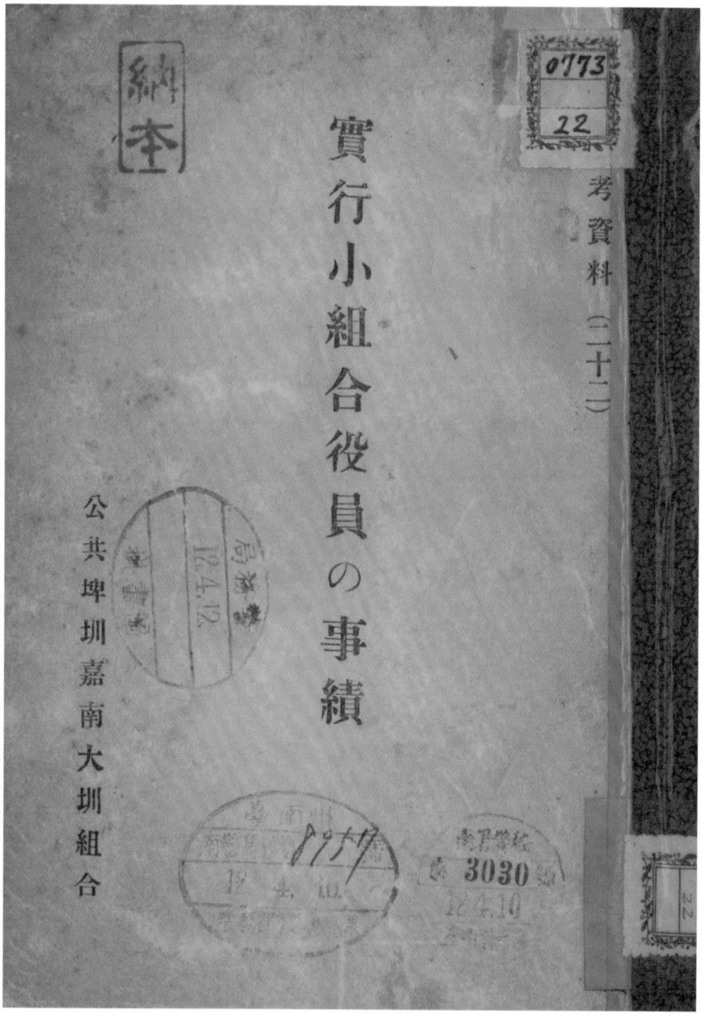


照片 6-2　麻豆監視所前班區小組合長李仕受表彰功績的紀錄。

1. 勵行輪作。
2. 新設及改修中小排水路。
3. 分配調節灌溉用水。
4. 維護水路及附屬構造物。
5. 預防並解決水利糾紛。
6. 斡旋耕作地交換。
7. 經營共同秧苗及共同苗圃。
8. 其他土地改良及水利機能改進。

簡單來說，其任務的核心是水路管理、用水分配，必須要能夠確保小給水路和小排水路的暢通，避免水路底或水路側出現坍毀或滲漏的情形——這是農田用水的入口和出口，所需灌溉用水要能適時適量流入，多餘的水要能隨時排出。至於小給水路和補水給水路的「分水門」，則是管理灌溉用水的關鍵，此一基層水利組織被賦予設置與管理的任務。

實行小組合之上再組成實行小組合聯合會，設立監視所。監視所聽起來有點殺氣騰騰，但其實就是所有給水區的行政中心，除負責分配管理給水外，也是聯合會的辦事處。為了方便運作及聯繫，監視所設置地點通常會選擇位置適中、已經有學校或派出所的大型聚落。

而戰前的實行小組合，也在戰後以另外的名稱持續運作。除延續既有「互相協力合作」的使命外，更強調了「自治精神」。小組合的工作內容保留原來保養水路、經營共同秧苗等工作外，還增加「中小給排水路之新設及改修」，讓小組員既出錢又出力。

但不管是戰前或戰後，小組合的成員都是無給職，他們需要協助管理，也需要與官方或大圳組合／水利會一起推動政策。有時候還會舉辦比賽或小組合表揚之類的活動來鼓舞彼此，聯繫感情。

嘉南大圳組合事業營運之初，農民並不樂於接受實行小組合的設置，官方是以半強迫的方式，或是要求庄長、保正率先在各自的行政區內帶頭實施。但小組合長是執行嘉南大圳組合交辦的任務，扮演官民溝通協調的角色，既可成為農村社會領導階層的一環，且協調的內容通常與自身的利益切身相關，於是小組合長漸漸就成為各方勢力積極爭取的人物。

## ⁂掌水工的一日都從凌晨起算

「哦！他們看我是女人，很瞧不起……人家在嚷，你不可以說惦惦讓他嚷！人家大聲，你要比他更大聲……這樣才有辦法壓住那些吃水的人！」八十七歲的郭張開如此說。擔任了四十多年的掌水工，又做了三任小組長，這位堅韌強悍的女性，當年為了貼補家計「代夫出征」成為掌水工，從此一生與大圳相依相存，至今仍在為大圳服務。

像郭張開這樣的掌水工將近一千三百人*，據她知道的女性掌水工只有八位（實際上可能更多），不論男女，平均年齡都在六十五歲以上，這些低調樸實、只是低頭做事的阿公阿嬤，卻是維繫大圳秩序的重要角色。

目前全臺灣只有嘉南農田水利會配有掌水工，這個制度早在嘉南大圳興建後就已經啟用，至今已有九十年歷史。嘉南大圳向來注重節水，每一滴水都要有效利用，水從水源放出之後，就需要由掌水工進行調節分配，平原上的大小事也都由他們反映給大圳的工作人員。你可別因為掌水工們年紀大就小看他們，這批「千歲軍團」每年節省下來的水量等同一座烏山頭水庫。

掌水工大多由具有服務熱忱的當地農民擔任，分配資源需要公正無私，還得善於溝通協調，要說掌水工是農業裡面的服務業也不為過。雖然過去因經濟不好，他們未必受過教育，但是每一位掌水工都很「接地氣」，對於管區內各種政府與水利會單位的運作、農民們的耕作習性、田裡種的作物需要什麼方式照顧，甚至是大環境的氣候變化等等，他們都非常熟悉——如果不清楚這些事情，他們就無法因應不同的耕作進度而給水，那可是會鬧出大事的。

一般人想像的農村生活都是一派和諧、樸實和善，但要是在耕作時沒有水或者水不夠，抓狂的農民可不是好惹的，就連放水時要開水單規定大家放水時間，也會有人不滿。前面說的郭張開阿嬤由此練就了一身不讓鬚眉的獅吼功，不聽話的人往往被她吼得服服貼貼，當然光靠大

—— *

截至二〇一九年十月，嘉南大圳上共有一千二百五十位掌水工。

聲也不行，許多糾紛還是得有對人情世事的了解才能平息。

掌水工並非義工，薪水過去由小組員負擔，現在則由水利會的事業費用支付。他們支領日薪，一般是八百元，乾旱期則是八百五十元。每一位掌水工負責的區域約在三十到九十公頃不等，他們可說是水利會與農民之間的中介，當水利會擬定輪流灌溉計畫後，掌水工就會收到放水的時間表，同時也要與農民溝通、配合農民方便的時間放水。

接著就來看看掌水工的日常吧。

臺南地區最年長的掌水工胡華山阿公已年近九十，天還未亮前，胡阿公就已經出門，先巡視完自己的田地之後，接著就前往他負責的掌水區域。胡阿公通常會先確認水門是否正常開關，如果發現有人利用工具破壞水門（或其他設施）意圖偷水，也要先排除這些「不請自來」的東西，無法處理的話就要請水利會職員來幫忙。

巡視過程胡阿公會不時清除水路當中出現的雜物，不管是竹枝或是樹葉，漂在水面上就要馬上撈起來，否則很容易卡住水門，水流就會受影響。有些雜物則可以讓它往下流，集中在涵洞或水門再一起撈上來。到了要放水之前，就要先噴除草劑除草，關水之後還要再除一次，如果沒有如此整理的話，雜草很快就會長出來。

清圳溝聽起來很簡單，但有時候竟會致命！歸仁的掌水工謝水木阿公有一回在颱風過後發現許多樹枝堵住進水口，他自告奮勇跳進去清理，哪知道樹枝清掉後水流速度瞬間增加，謝阿公自己也差點一起被沖走，還好吉人天相沒事。

以功能而言，掌水工可說是大圳有如血脈狀灌溉系統的末梢開關。前端的水利會依照烏山頭水庫、曾文水庫的蓄水量和氣象報告來訂定灌溉計畫，但實際放水量的多寡則要靠掌水工調整水門，以免水位太高，甚至溢流到排水溝。一個地區吃水和三個地區吃水的水位也不同，必須要適時調整，也要注意在水路尾端的水是否太滿或不足，一旦水夠了就趕快關水門。掌水工隨時都要查看各處水位的高低，如果不實際去看就無法精準控制水量，因此在田間奔波是很正常的事情，來回跑上幾公里都是常見。

水情嚴峻的時期，掌水工每天幾乎都要巡視到半夜才可以休息，要不然一旦水門被破壞，水就被偷走了。掌水工在缺水期時也可能半夜接到農民的來電，得趕快爬起床去排解用水糾紛。缺水時要煩惱，到颱風大雨時更要全天候注意水門狀況，以免設備受損。

掌水工是嘉南平原灌溉不可或缺的環節，只是透過前面的敘述可知，掌水工不僅工時長、薪水低，更要應付來自農民的壓力以及各種工安危險，已不太可能再吸引年輕人加入。掌水工高齡化已是難以逆轉的事實，未來怎麼辦呢？

對此，水利署選定臺南官田進行實驗計畫，目的是讓灌溉可以科學化。在此實驗區域內，正以科技取代、減輕掌水工的負擔。過去需要點上潤滑油才比較便於開啟的水門，改為可遙控開啟；過去需要騎著摩托車巡視田地，改由感知器代為監控即時雨量、田裡水位等。換言之，過去的繁重的業務內容正走向電子智慧化。

而這樣的革新只是第一步，在掌水工慢慢凋零的時代，臺灣的農業灌溉勢必要智慧化，才能應付嘉南平原灌溉的需求。然而掌水工在出勤過程所面對的人情壓力與衝突，隨著日後可能的智慧化，全新的互動模式又會有什麼樣的變化呢？更進一步說，隨著工作量減輕，以及近年來青年返鄉耕田的趨勢看漲，會不會有年輕一代加入？還是只是全面電子化之間的緩衝？過去的偷水、搶水行為，是否會因為農業灌溉智慧化而減少，還是會道高一尺魔高一丈，發展出不同的模式呢？都有待時間才能回答了。

## ⁂「珍惜水資源，有你真好」：工作站

「大家都沒水喝！拜託！給大家一口飯吃！你在水頭，留一口飯給水尾的吃！」隆田工作站的陳豔星站長無奈重複著曾經多次勸說農民的話。已經在水利會服務三十年的陳站長從基層做起，歷任水利會各種職位，隨著時代不停進步，他努力跟上腳步發展各種新方法，改進自己的工作方式，他苦笑著說：「前輩都說：『學一樣慘三冬，學三樣慘一世人，學太多你就多死的！』」說歸說，他又說起了怎樣用app雲端遙控設施。

工作站其實就是前文在「實行小組合」中提到的「監視所」，戰後改稱工作站，不管叫什麼名字都是嘉南大圳的第一線單位。現行體制將工作站設在管理處之下，農民組成的水利小組也會在工作站中有一區可以討論事務，如果區域內發生糾紛，通常都會先反映回工作站，由小組長協調，小組長也會與工作站保持聯繫。

傳說日治時期農民如果偷水，站長（以前叫作監視員）會拿皮鞭抽打犯人，但戰後工作站和農民之間的氣氛出現許多變化。由於要面對第一線的農民，工作站算是非常有人情味的地方，每個工作站幾乎都有一張桌子上面隨時放著茶具、水果、零食，讓工作站的人們能夠在和

樂的氣氛之下協調工作。

嘉南大圳共有七十一個工作站，其功能為管理區域灌溉、維護排水路。嘉南大圳有如血脈般綿密的水路系統要順利運作，工作站是不可或缺的環節。

一九七四年，政府頒布灌溉計畫制度，各個工作站必須向水利會提出每旬用水需求，用水需求標準是依照各區的種植面積和灌溉率來計算。水利會視烏山頭水庫、曾文水庫的蓄水量，配合水資源局，訂定灌溉日與灌溉水量，各工作站就配合此日程進行放水。

此外，管理處還會製作給水傳票。給水傳票由掌水工或鄰長負責發放給農民，內容包含送水日期、灌溉系統、會員名錄、灌溉面積、送水距離等，透過這張單子，農民就可以知道何時輪到自己的田地灌溉。工作站與掌水工會依照這份傳票，掌控水閘門的開與關，將水放到各田間。工作站員工和掌水工也會四處巡視，確保放出的水有流進每一塊預定供水的田地裡。如果巡視的過程看到水路當中有障礙物，必須加以排除；若是水路有所毀壞，工作站必須編列預算加以修復。

嘉南大圳的各工作站每隔一段時間就會進行業務檢討會，檢討該段時間以來各項業務，主要多是與修補水路以及管理灌溉有關的事項。當然，取締偷水也是討論項目之一。

工作站的另一項重要功能是處理用水糾紛問題，可說是經常承受來自廣大農民們的壓力。然而只要是缺水時期，違法取水的件數還是會增加，以二〇一八年五月為例，不到一個月內嘉南大圳就出現四百件違規。

缺水時期，缺水的農民因為被逼急了，會在夜間忙著使用各種方式偷水，不只偷水還會破壞各種設施，鎖頭或鐵鍊再怎麼堅固還是難以抵擋農民想要水的決心（照片6-3），工作站與農民可說是互相鬥智。在這種時候，工作站立場就非常無奈與尷尬，因為水利會並非公部門，僅能勸導與警告農民，頂多沒收偷水用的水管、抽水機，除非不得已才出動警方協助。

上述提到的那些問題到底應該怎麼解決呢？陳豔星站長搖搖頭，他舉例說：「以前都說『珍惜水資源，請節約用水。』……現在的人沒辦法接受，現在都要說：『珍惜水資源，有你真好。』要軟性訴求人家才願意聽。」隨著時代變化，工作站也不得不使用更多更新的方式來跟農民溝通，如果水利會能夠擁有公權力，問題是不是就會改善？還是會衍生出更多的問題？這些都考驗著水利會與政府的智慧了。

照片 6-3　為了防止盜水，將供水設施上鎖並焊上ㄇ形鐵蓋避免鎖頭被破壞已是必備措施。

第二節

# 嘉南大圳的傳統與變化

## 圳頭祭與擋煞

### 因地制宜的圳頭祭

早在日治之前，為求農事順利，每一處有水圳的地方都發展出了「圳頭祭」，這個儀式代表著人們祈求灌溉順利、五穀豐收、諸事大吉的心願。在嘉南大圳建成之後，即使是看來相當現代化的水泥工事，也因應當地風俗有了自己的圳頭祭。

嘉南大圳各地舉行圳頭祭的時間不一定，主要是配合各工作站的工作時間有所變化，只有大致時段而不會有固定日期，像東口工作站的圳頭祭是五月初，送水工作站的圳頭祭是六月初。選擇日期的標準很簡單：什麼時候比較不忙就選什麼時候！所以圳頭祭的日期反映各工作站的工作情況，從來沒有固定的、統一的日期。

圳頭祭是每年例行之事，有時也會有特殊意義。在二〇一四年感動人心的電影《KANO》中，有一幕由知名影星大澤隆夫飾演八田與一站在烏山頭水庫的送水口上望著水流奔騰而下，見證一九三〇年嘉南大圳完工的時刻（照片6-4），畫面中的拍攝場景「舊送水口」其實已經不再使用，在一九九七年功成身退時，烏山頭水庫的員工們替它舉辦了最後一次的圳頭祭當作「畢業典禮」；同時，也合併了新送水口的竣工祭，算是新舊送水口的世代交替。

除了送別舊設施之外，舉行圳頭祭之前若出現乾旱情形，在祭禮時就會合併祈雨儀式。至於各工作站舉行的圳頭祭，不僅時間沒有嚴格規定，舉行的目的會因工作內容而不同，形式當然也非一成不變。

以東口工作站為例：東口工作站位在烏山嶺隧道的東口，曾文溪流至此會有工事將溪水攔引至烏山頭水庫。前文提過烏山嶺隧道施工時曾造

照片 6-4　《KANO》劇照。

成死傷，所以東口的圳頭祭一開始舉行目的是慰靈，後來也用來祈雨。至於祭拜用的供品，現在是編列採購預算，在此之前則由工作站人員自備，包含牲禮、水果、菜飯等等常見供品。祭拜時祭文是以臺語唸出，東口工作站的鄭清瓚站長（現已退休）還自創祭文範本，只要換上不同人的名字就可以直接運用。

至於嘉南大圳八個幹線工作站，就是由不同工作站輪流主辦圳頭祭，但舉辦的過程與東口、送水大同小異，都是站長帶領眾人進行祭拜（照片6-5）。

前塭內工作站站長陳志雄回憶，塭內工作站的圳頭祭一般都在七月舉行，祭拜的對象是好兄弟。有的工作站會在送水前舉行圳頭祭，希望接下來可以一切順利，但是有的工作站卻會在送水之後才舉行。小組長與掌水工除了感謝上天的幫忙，也會拜土地公，陳志雄認為在送水結束之後才舉辦的圳頭祭，代表的是事後的感恩，和送水

照片 6-5　送水工作站（大圳起點）圳頭祭。
圳頭祭雖然並非嘉南大圳所獨有，卻是水圳文化當中不可或缺的祭儀之一。

前舉行的圳頭祭意義不太一樣。

人們透過舉行圳頭祭，向老天祈求風調雨順，平常辛勤的工作人員則在祭典結束後聚餐交誼，只要嘉南大圳還在運作的一天，圳頭祭就會持續舉行。

## 安定民心的擋煞

除了圳頭祭之外，在嘉南平原上本來就有的「擋煞」也出現在大圳周邊地區。因為大圳出現之後，有些地方改變了風水或者發生不祥之事，為了安定民心而設立了「辟邪物」，具有擋煞的功能。

人造水路在經過聚落時，往往會改變既有的地貌景觀，難免對居民實際生活上、心理上造成若干衝擊。為了化解這些現象，地方廟宇都會指示設立辟邪物，這些辟邪物有可能是塔、樹或者石頭。就曾有傳說認為某條排水路造成某戶人家生不出男丁，在建塔辟邪之後還真有男嬰呱呱墜地（照片6-6）；也曾有聚落的主祀神明指示要居民種植榕樹，保護水圳不會崩塌。

辟邪的風俗跟民間信仰、風水傳說的關係密不可分，比如新市區大社聚落的東勢，傳說在水圳開挖過程中從土裡流出血來，出現如此異象，當地無不人心惶惶。地方人士急忙向廟宇的神明請示，神明果然指出大圳開挖誤傷龍脈，而且誤傷神龍的睪丸。從此地方開始不平靜，接連有老人過世。為了亡羊補牢，當地人們於是將紅線埋入土中，並迅速將地填平，還用鐵鍊與鐵欄杆將此地圍了起來。

除了上述鬼神之說，大圳也常發生有人失足或者尋短的事件，因此有些聚落不只建塔擋煞，還建福德祠奉祀土地公，一方面為聚落守財，另一方面則是防止孤魂野鬼循水路進入庄內，可謂一兼二顧。不管是否真的達到效果，都可以說是地方聚落與水利設施之間折衝、共存的象徵。

辟邪物的價值在於安定居民的心，而因為辟邪物往往需要定期祭拜，隨著祭拜活動，居民也逐漸凝聚對聚落的認同。

## 舌尖上的嘉南大圳

「來喔！好吃的粿來了！碗粿、菜頭粿、芋粿、紅龜粿與油蔥肉燥粿又擱來囉！」熟悉的聲音透過發財車擴音器傳到大街小巷，大人小孩一聽到聲音就跑出來圍住車子，對著車內各種粿類來回張望，流露出飢餓的樣子，老闆笑嘻嘻地切開各式粿類，隨之香噴噴的食物被送到餐桌上，

照片 6-6　擋煞辟邪。
建塔、植樹、豎石都是民間常見用以擋煞辟邪的方式，例如臺南佳里田府元帥塔，就是建寶塔來祛除嘉南大圳對聚落所造成的風水影響。

渾然是一幅幸福滿足的圖像。

說到嘉南平原，總是令人想起豐富的米食，早在嘉南大圳完成前，漢人移民已能利用秈米與糯米製作碗粿、粽子、肉圓、米粉與米糕等米食小吃。但是嘉南大圳完工後，在供水穩定以及土地改良雙重影響下，農作物的產量與品質也較以前改善許多。

考據起日治時代的飲食，不難發現當時的農民往往以蕃薯籤混合米來當主食，這與三年輪作的作物種類可能有關。白米主要是銷往其他地區進行精製，來自臺南鹽水港廳（今臺南市將軍區）的知識分子吳新榮在日記中多次提到自己吃過的米食，例如以發粿祭祀，冬季吃紅龜粿、甜粿，也經常吃肉圓與米糕（包括紅蟳米糕），尤其會將米糕與雞鴨一起製作成冬天進補的食物，如果還沒有糯米的時候，就會用蓬萊米來代替。

大臺南有許多在來米與糯米製成的粿類食物，例如狀元粿、白糖粿，以及紅龜粿，這些米類食品出現在臺灣餐桌上的歷史早於嘉南大圳的誕生，然而嘉南大圳的完工大大增加嘉南平原稻米產量，特別是在來米與糯米穩定量產後，提供大臺南地區進一步發展米類小吃的條件，也讓今天的人們更有口福。

相較於日治時期以稻米、甘蔗與蕃薯（雜糧）等農作物為主，戰後嘉南平原的農作物種植種類出現了變化，主要原因來自於農業政策、氣候變遷與經濟考量等因素。舉例來說，當初二〇〇一年臺灣即將加入世界貿易組織（ＷＴＯ），開放國外稻米進口勢在必行，農委會於是推動「水旱田利用調整計畫」（一九九七年七月到二〇〇〇年十二月），隨後稻田種植面積下降，此時有些農民依照種植技術、本身意願或者經濟利益等考量，開始改種植其他農作物，紅蔥頭與蒜頭就是近來嘉南地區常見的農作物。紅蔥頭的角色相當特殊尤其值得一提，它的用途相當廣泛，滷肉燥、碗粿、肉圓、米糕、肉粽等食物都不可以缺少它，是臺灣食物味道相當特殊的配料。目前紅蔥頭主要集中種植在嘉南大圳的灌溉區內，適合在冬季枯水期時栽種。

白柚、文旦與蘆筍也是嘉南平原常見的農作物，經濟利益特別看好。有些農民會利用種植稻米（約略一、二月插秧，五、六月收割）以外的時間種植其他作物，例如番茄、菱角、蓮子、哈密瓜與小黃瓜——白河區的蓮子可口好吃且種植技術相對簡單，官田區的菱角則早已名聞遐邇。也有農民利用大圳旁的土地種植小辣椒，品質好且經濟效益高。因應這些新作物的產生，各地的工作站與掌水工們就會調整用水的順序跟比例來符合農民的需求。

## 消失的鱸鰻：大圳帶來的生態變化

「我們之前如果拿一張網子，牽在擋魚的地方，像這樣水比較少，就卡網卡得整個都是！不用三分鐘去收起來，那魚多到你拔一下午也拔不完。」資深的嘉南農田水利會員工、前東口工作站鄭清欉站長說著從前在水路上撈魚的往事，興致勃勃描繪著細節。末了，他不無感嘆地說：「這幾年才看不見，差不多……不到十年！」

其他在嘉南大圳周邊生活的人也都有過類似的經驗，大圳流經的地區所形成的特殊自然生態，成為嘉南平原有趣且珍貴的生態記憶。

嘉南大圳的上游是烏山頭水庫，水庫有新舊兩條烏山嶺引水隧道，從烏山頭水庫連結東邊曾文溪的水源是舊引水隧道，由八田與一設計，在日治時期一九二九年完工，目前管線已經老舊，新的引水隧道正在施工，預計二〇二〇年二月完工（照片6-7）。引水隧道外的東口工作站自然生態相當豐富，大圳員工在引水道附近通常可以捉到大隻鱸鰻、溪哥魚、野生土虱與其他魚類，尤其是鱸鰻，抹上鹽煎來配飯很美味，特別適合帶回去給家人進補。

圳溝的構造變化與生態環境也息息相關。根據生活在嘉南平原的耆老回憶，以前的圳溝多用自然土溝建造，比較適合生物成長，也適合各種魚類與兩棲類動物棲息，後來改成混凝土，就比較不適合昆蟲、魚類等各種生物存活（照片6-8）。

在老人們的回憶裡，以前圳溝相當乾淨，如果上游放完水，圳溝內就會出現許多魚類，經常出現的有南洋鯽（吳郭魚）、泥鰍、土虱、鱸鰻與大頭鰱，甚至是鱉等，就連現在比較少見的筍

照片 6-7　新烏山嶺引水隧道貫通。
烏山嶺引水隧道自 1929 年啟用至今，已出現輸水能力不足，加上隧道主體出現裂縫、漏水等現象，因而在 2012 年於舊線下游另開鑿一條新的引水隧道，目前已貫通即將完工。

殼魚（雲斑尖塘鱧）都會順著圳溝流下。一旦水閘門關起，魚就會被擋在閘口，成了送上門的食材！在烹飪方式上，泥鰍可以煮湯、燉補或油炸，味道相當鮮美，土虱可以藥燉，尤其鱉既可以單獨燉補，也可以與雞肉、豬肚製成「雞仔豬肚鱉」，是傳統臺灣料理中的名菜。

圳溝除了可以抓蝦捕魚外，遇到天氣燠熱時大人與小孩經常跳到圳溝內游泳或者洗澡，婦女則會拿衣服到圳溝旁洗滌（照片6-9），甚至體型龐大的耕牛有時候也會跑去泡澡，清澈的圳水徐徐流過牠們身邊，是過去農家生活有趣的景象。

近年來，消費者無不希望買到無蟲害且美觀的農產品，因此農家使用農藥比例增加很多，各式化學肥料、除蟲劑、除菌劑、除草劑等雖然幫助了作物成長，但也造成嘉南平原生態環境的破壞。還有人大肆放生俗稱「魚虎」的小盾鱧，由於魚虎會吃食其他魚類，造成水域生態的失衡。甚至更可惡的是有人以「氰酸鉀」來毒魚，導致水域裡魚類大量死亡，圳水也被汙染。過去豐富多元的生態環境已不復見，圳溝內的動植物生態減少許多，魚類、螃蟹、蛇類與鱸鰻大量減少，就連居家附近許多草藥也難以得見，以前老一輩漢醫教導如何使用漢藥的傳統竟連帶消失了！

嘉南大圳的興建與使用從日治時期到戰後，它的灌溉角色造就特殊且豐富的生態文化，然而時至今日，隨著過度開發與農藥化肥的不當使用，嘉南平原的豐富生態正逐漸消逝，令人不勝唏噓。

照片 6-8　建造材料的不同會影響大圳周圍生態。
混凝土看似美觀堅固，卻有阻卻生物存活的疑慮。照片所攝為嘉南大圳濁幹線虎尾段。

照片 6-9　灌溉用的圳溝也可以成為生活的助力。
過去農家常在圳溝邊洗滌衣物、閒話家常，在臺南後壁便設有洗衣亭讓人感受舊日情懷。

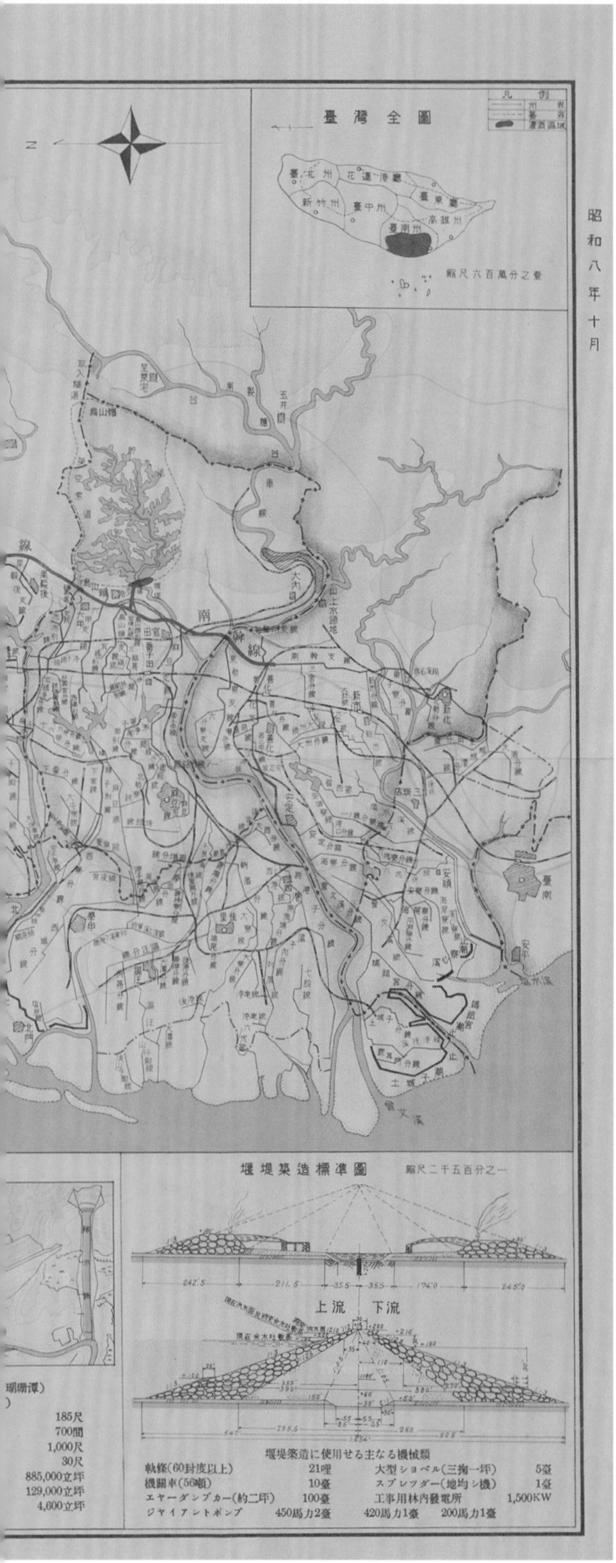


嘉南大圳平面圖，1933 年。
從這張大圳平面圖中，可以看見嘉南平原與大圳共生的景象。

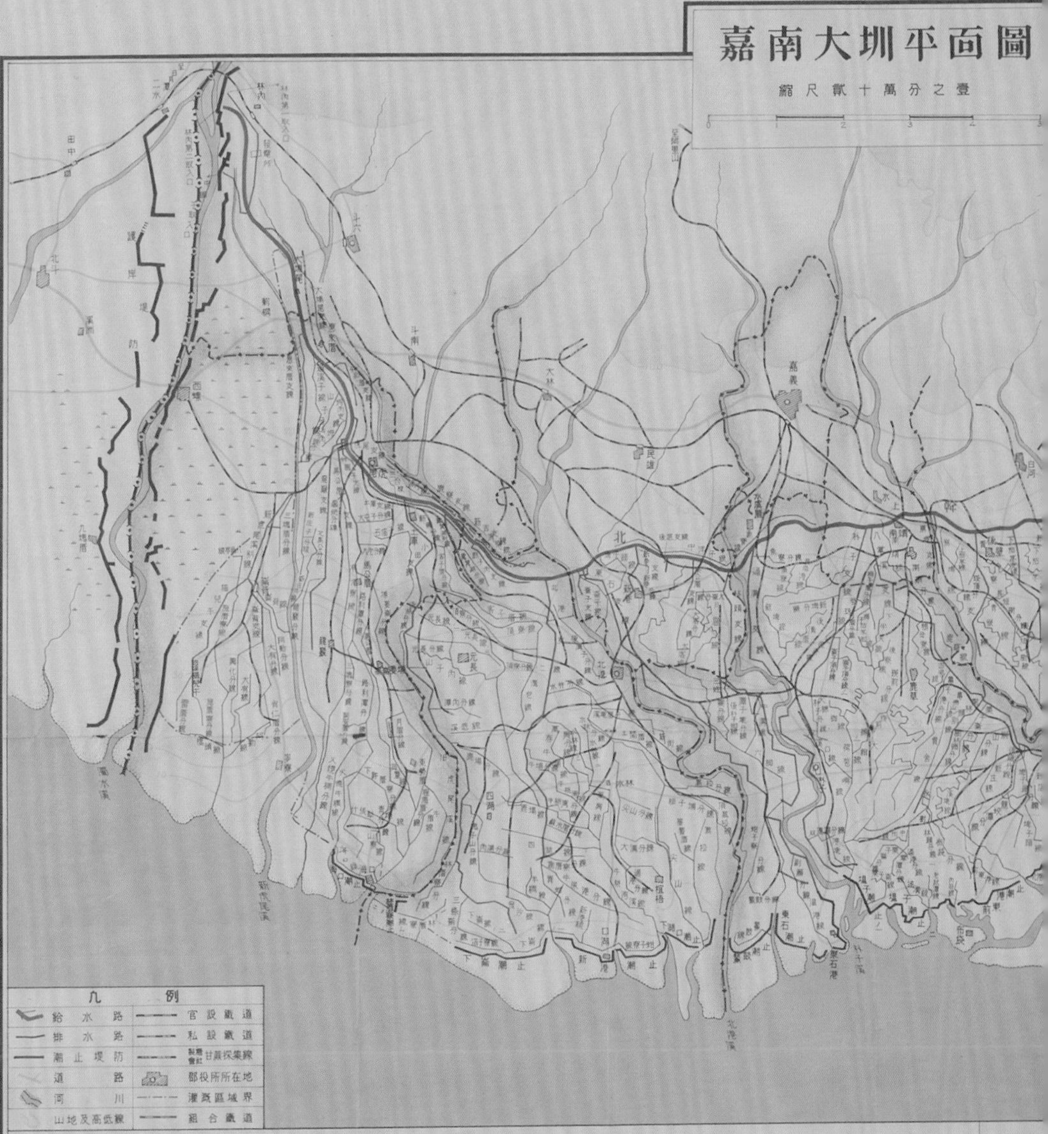


嘉南大圳組合

**事業の大要** 本圳新設工事は臺南州下に於て旱魃、排水不良等に苦しみつゝありし看天田蔗園其他の土地約十五萬甲（約146,700町歩）に對して適切なる灌漑、排水の設備を施し水稻甘蔗其他農作物の增收を圖る目的を以て施設せるものにして灌漑に就ては其の水源を曾文濁水の二溪流に求め曾文溪水の引用は曾文郡官田庄烏山頭に於て官田溪を締切りて一大貯水池を築造し一方烏山嶺に隧道を穿ち曾文溪上流より導水し官田溪流域に於ける雨水と共に貯水して適宜給水する設備を施し濁水溪水の引用は斗六郡斗六街林內及同郡莿桐庄新庄子に於て同溪護岸に取入口を設け圳路に依りて溪水を其儘給水する設備を施し排水に就ては要所に排水路を掘鑿すると共に在來排水路の改修を行ひて惡水排除を充分ならしめ又海岸には適所に潮止堤防を築造して鹽分の浸潤を防止する設備を施行せるものにして大正九年九月起工以來十星霜の長年月を費し昭和五年四月一先づ工事の竣功を告け爾後は專ら之が維持經營に任じつゝあり。而して本圳の灌漑方法は他の一般埤圳と著しく其の趣を異にし區域內土地を水路系統に依つて區劃し每年其の三分ノ一の地域に夏季單期水稻作三分ノ一の地域に甘蔗作を營むに必要なる程度の用水を供給する（爾餘の三分ノ一の地域は雜作區として給水せず）所謂三年輪換作方式を採用せり。之れ蓋し當地域に於ては本圳以外に水利施設の望なきを以て可及的水利を均霑せしむるため該方法を選びたるものなり。

**主なる施設** 烏山嶺隧道延長千七百十間　同暗渠延長百三十間　同開渠延長二百間　最大流量千八百立方秒尺　貯水池滿水面積一億一千萬平方尺　同貯水能力五十五億立方尺　給水路幹線延長二十六里　同支分線延長二百八十一里　排水路及汐止堤延長二百六十四里

**事業費** 本工事は當初總工費四千二百萬圓を以て大正九年より向ふ六箇年間に完成すべき豫定なりしが財界不況等已むを得ざる關係により施工年限を昭和四年度迄延長し工費も亦四千八百十六萬三千五圓に增加せしも後不可抗力に基因する事故の發生又は構造物の確保上設計改善の必要起りたる等の關係にて結局事業費總額を五千四百十三萬九千六百七十八圓に變更せり內二千六百七十四萬圓は國庫補助金其他は組合員之を負擔す。

**工事の效果** 工事の效果は當組合に於て調査したるものにして大正五年より大正十年に至る六箇年間に於ける農產物の平均價格により計算せり

| 區分 | | 總額 |
|---|---|---|
| 灌漑を受くべき土地作物中主要なるもの、產額の增加 | 米產額の增加年額 | 462,000石 |
| | 砂糖產額の增加年額 | 2,402,000擔 |
| 灌漑地總收入（收穫物代）の增加年額 | | 20,339,000圓 |
| 同土地價格の增加（地價騰貴） | | 95,426,000圓 |

# CHAPTER 7

# 讓水圳不會只是水圳：重建嘉南大圳的價值

撰文者——劉艾靈、陳永融

當今日人們說到「嘉南大圳」四個字的時候，你會先想到什麼？

許多人對嘉南大圳僅有的印象只存在於紙面或黑板上的各種專有名詞與綴在後頭的統計數據，有時還會成為考卷上挑戰學生的刁鑽考題。然而，這樣就夠了嗎？光是讓它在歷史教材中露面，並不足以讓新生代了解嘉南大圳在二十世紀為臺灣帶來的改變——甚至是生機！

嘉南大圳不只是具有「歷史意義」，同時它也還是「現在進行式」，仍持續不斷為嘉南地區的農業運作著。大圳如同嘉南平原的血管，嘉南農田水利會扮演著大腦的角色，除了分配水的任務之外，也要擔負起維護保養的責任，讓大圳可以維持正常運行，一百年就要過去了，水利會又將如何面對下一個百年呢？

在前面的章節裡，曾提到烏山頭水庫的使用年限是五十年，如今水庫已迎來九十歲的生日，這個數字聽來可喜可賀，但也隱含著巨大危機。以下便訪談水利會管理組黃義銘組長和管理組灌溉股李建志股長，請這兩位資深的大圳人來談談大圳當前的問題。接著由陳鴻圖與王淳熙兩位學者告訴我們，究竟大圳該如何轉型再造，延續下一個百年榮景。

第一節

# 大圳也要抗老

「水庫最重要的就是兩件事，設施和庫容。」設施指的是壩體安全，庫容則是指水庫的蓄水量。黃組長解釋說當年建造烏山頭水庫的工法雖然在當時已經相當先進，但經過了九十年回頭看，仍有可以補強的地方。因此，每五年會進行一次安全評估，檢查壩體有沒有哪裡需要維修，以及進行壩體的培厚工程，避免發生坍塌意外。水利會人員也要不定時巡視，尤其臺灣三天兩頭就有地震，震後得立即前往巡視，注意有無發生壩體滲水等不正常情況，若有問題就要盡快搶修，以免釀成禍患。

烏山頭水庫建成時的蓄水量是一．五億立方公尺，現今的蓄水量僅剩下當年的一半。淤積是每座水庫都會面臨的難題，烏山頭水庫每年的淤積量約是二十萬立方公尺，相當於兩萬輛三十五噸大砂石車的合法容量，光靠人工抽砂、載運完全不可能有效解決淤積問題，如同本書第一章所言，目前水利會的做法是在二期作的時候放淤，讓淤積的泥沙隨著水一起排放到田間，並搭配其他的清淤措施，每年清淤量預估是七萬到十萬立方公尺，大約是年度淤積量的一半。同時，水利會也加強水源地的水土保持，以期降低水庫的淤積，目標是讓每年清淤量與淤積量達到平衡，讓水庫得以永續利用下去。

## ⁂讓老舊設施平安畢業

除了水庫之外，大圳周邊的眾多設施也同樣度過了九十年的歲月。除了日常保養外，更新也是水利會的重要工作。

送水的渡槽橋就面臨多年使用、多次地震摧殘等因素導致輸水效率下降，水利會以興建新橋因應。以曾文溪渡槽橋為例，水利會在二〇一二年便開始著手建設新橋，當時的設計本來是要拆除舊橋，在原地重建新橋，但拆除舊橋的消息傳出，引起地方人士、專家學者以及政府單位的關注。由於舊橋建成於一九二九年，除了輸水外，也提供人車交通使用，且橋體以鉚釘接合，展現出當時的工藝技術，極有保存價值（照片7-1）。經過各方討論後，最後決定保留這座具有歷史意義的舊曾文溪渡槽橋，水利會另行修改設計，改在舊橋東側興建新橋。新橋已於二〇一五年完工，舊橋則在二〇一四年公告成為市定古蹟，現在經過曾文溪渡槽橋時你可以看到新舊橋並存的景象。

還有前面章節曾經提到的爆炸工安事件主角：烏山嶺隧道。隧道使用多年，供水效率已經

照片 7-1　曾文溪渡槽橋舊橋下的水道。
曾文溪渡槽橋是最長的渡槽橋，曾經是銜接南北縱貫公路的重要橋樑，從照片可以看出橋面下鉚釘接合的水道管徑驚人。

不如以往，於是在二〇一五年開始興建新的烏山嶺隧道，新的烏山嶺隧道除了輸水能力恢復到每秒五十六立方公尺，也強化了隧道本身的安全性，讓水利會在管理及維護上更加便利。至於舊的隧道則會進行維護保養，並妥善保存下來，見證歷史之外，也作為新隧道維修時的備援系統之用。

「但使用單位會說多保留一個，每年又要多出多少錢啦！」黃組長笑著說，新舊並存對一般人而言似乎「毋要毋緊」，但是對於水利會而言，卻表示著有限的資源會被排擠、壓縮，黃組長就開玩笑說：「我們上面還在說，等新的蓋好以後，舊的就開放讓大家申請去走，就很大一個隧道，暗迷濛，三公里長，那個壓力感會很大呢！」

說是這麼說，將隧道開放參觀有許多安全上的考量，恐怕無法輕易開放。但也可以看出水利會面對更新工程時，多是朝讓新舊設施可以並存的方向進行，一方面保存文化資產，另一方面也能以舊設施作為備援，未來新設施維修或出現無法使用的緊急情況時，還有備用管路讓供水不致中斷，就不會影響到民眾用水的權益。

## 電腦也會管放水

除了硬體更新之外，新科技也是水利會管理上的好幫手。現在已在各處閘門設置了自動測報流量系統，當流量出現問題時會主動通知相關人員處理；田間也有設置監測裝置，如果有農田發生浪費水的情形，資訊會即刻傳送給相關人員。

另外，行政院農委會和水利會也合作推行「智慧掌水工」，目前正在臺南官田地區試驗，預計二〇二〇年會擴大試驗範圍。前面章節曾提到掌水工是「千歲軍團」，隨著農業人口老化，掌水工大多是七、八十歲的老人家，一方面擔心老人家在巡水過程中容易發生意外，另一方面掌水工的經驗也需要傳承，若能將老人家的經驗納入大數據分析使用，將可以讓新進的掌水工在面臨各種情況時有所參照。「智慧掌水工」搭配閘門的自動化系統，讓大型水閘門可以從遠端放水，並透過手機讓掌水工接收配水指令，知道要放水多少，也能即時回報田間的狀況給工作站，讓水資源得以更有效運用。

「智慧掌水工」的立意良好，但黃組長也表示：「雖然聽起來是很方便，但還是需要配合人的管理。」一語道出了臺灣農村重視的人情，「會有農民想要晚一點放水，隔壁又說想要早一點放，這種時候，就還是需要掌水工協調。」

尤其到了枯水期，大家對水點滴必較，更要倚賴掌水工居中斡旋，讓大家都有水可用。現代科技能作為管理上的「工具」，但核心仍然是「使用的人」，如何兼顧管理的便利性和農民的需求，也是水利會未來發展的重點之一。

## 嚴峻的新挑戰：極端氣候

近年來，極端氣候影響全球，對本來就缺水的嘉南地區更是嚴峻考驗，過往夏季用水大多需仰賴梅雨，但這幾年的梅雨降雨並不穩定。以二〇一八年為例，因梅雨降雨量不足，烏山頭水庫和曾文水庫加起來的總蓄水量僅有五．八億立方公尺，六月初剩下二千萬立方公尺，眼看就要見底了，所幸八月下旬因西南氣流影響，下了好幾天暴雨，也讓兩個水庫達到滿水位，但卻又反而變成了需要宣洩洪水的狀態（照片7-2）。

「老天爺把一年需要的降雨量，集中在幾天就把它下完。有人說總量一樣有什麼關係。問題就是我們沒有這麼多水庫可以裝，如果雨沒有平均下，而是集中在一小段時間內下下來，除了水就這樣浪費掉了之外，排水設施一旦沒有辦法負荷，也會造成災害。像是二〇一八年嘉義跟臺南很多地方都淹水。」黃組長說。

灌溉股的李股長更是首當其衝得面對氣候的變化，要如何讓各地農民有水可用，在枯水期總是讓他傷透腦筋。這樣的極端氣候讓水利會在配水管理上更加小心謹慎，對於各地用水的計算可以用「嚴苛」二字來形容，不像過去可以有比較大的彈性調整，現在是一點一滴都盡量不浪費。

照片 7-2　烏山頭水庫溢洪景象（2018 年 8 月）。
超大豪雨灌飽，烏山頭水庫兩年來首次溢洪。

過去如果在灌溉期遇到降雨，時雨量大約要到三十毫米，水利會才會停止供水，現在大概二十毫米左右就會停止供水了，黃組長說：「農民也會打電話來關心，是不是要先停止供水。」

在大力宣導下，不只水利會節約，農民現在也會有省水的觀念，畢竟沒人知道下一場雨什麼時候會來。

你一定也好奇，農田所需要的灌溉水量是如何計算出來的呢？黃組長說：「有些數據是從日本時代就留下來，我們不斷去更新，學校教授也會去試驗作物的灌溉水量需要多少，能不能再更節省。」黃組長用了一則生動的比喻：「就像是去試試看人吃九分飽、七分飽、五分飽、三分飽各會發生什麼事，發現只有三分飽會餓死，那就不行；若是吃五分飽呢？一天吃兩餐，發現人還比較健康，那就讓你吃五分飽。」

嘉南平原本來是「看天田」，在嘉南大圳建成後從一年一穫改為可以一年兩穫。但在面臨枯水期時，有些農田還是得以休耕因應或是改種較為耐旱的作物。黃組長說：「政府一直宣導，希望農民可以多種二期作（六月下旬到八月上旬），不要大家都搶著種一期作（一月中旬到三月下旬），但效果很有限。」

因為二期作的氣候條件變數太大，極有可能遇到缺水、豪雨或颱風，有時一場颱風來襲就讓這期的水稻化為烏有，同時夏季也是病蟲害較為嚴重的季節，在多方考量下，農民們大多還是選擇一期作耕種。以水利會的角度來說，總希望農民們可以分散耕種，但二期作成本和風險都較高，考量到農民的負擔，還是可以理解農民偏好種植一期作。面對這種兩難的問題，黃組長也只能露出無奈的微笑，說著：「還是希望政府可以加強輔導，或是再多想些辦法啦！」

## 大圳的水給誰用

進一步詢問黃組長，大圳的用水會不會面臨民生、工業等其他用途搶水的問題，黃組長一臉嚴肅地說：「不會！大圳的水就是灌溉優先！如果有多餘的水才會支援民生跟工業用水。我們有一個名詞叫『加強灌溉用水』，盡量去節約灌溉用水，這些節約下來的水資源，再去支援公共用水。」接著語帶自豪說：「我們水利會就是為了服務農民，整個規劃設計就是要給農業用水。」言談中可以感受到他對這份職業的使命感。

最後，黃組長語重心長地說：「現在農業的產值相對於工業是比較低，有些人會覺得既然農業產值比較低，就不用投注太多水資源在農業上。但我想要為農業發聲，農業才是生產的根本，我們可以一天不用手機，但沒辦法一天不吃飯，農業的發展對於國家還是很重要！」

農業具有「三生」的功能，意指生產、生活、生態，灌溉用的水同時也滋養了周圍的土地與生態，甚至可以補充地下水，不是灌溉完水就排放掉了。

嘉南大圳施工迄今百年，使用已滿九十年，現在的社會形態早已和當時相去甚遠，但它依舊澆灌著臺灣嘉南地區；而水利會儘管經過了多次組織變革，也面臨外界諸多的質疑，但所屬人員們仍繼承當年為了使嘉南平原利於耕種的初心，持續努力下去。

第二節

# 再造大圳：大圳的未來與挑戰

臺灣當前對嘉南大圳的印象有多狹隘？二〇一七年四月十五日給了你我一個血淋淋的答案。當夜臺南烏山頭水庫樹立的八田與一銅像被人破壞，登上了隔天的報紙版面，「八田與一」在接下來的三天成為 Google 搜尋的熱門條目，事發地臺南的搜尋頻率更是全臺之冠。在在彰顯出嘉南大圳之父雖然在臺灣歷史中占有一席之地，但對不少臺灣人來說卻已是沒有太多印象的專有名詞了。

對出生在臺灣工業起飛之後的人來說，大圳距離生活太遠，感受不到水圳與自己息息相關的事實。臺灣以農為本，在一九六〇年代前都還保持著超過一〇〇%的糧食自給率，除了發展政策的走向，日治時期各種建設打下的良好基礎也是關鍵。當時號稱「臺灣第一，亞洲第一」的嘉南大圳有累積總長近一萬六千公里的水道，若將水道頭尾相連近乎可以圈住半個地球。如此龐雜又不失條理的水道系統縱橫交錯在臺灣西南半部的平原上，化成這片土地百年的農業命脈。

然而臺灣歷經政權更迭與產業轉型，人們與這片土地、與世界互動的方式早已有了本質上的轉變。人對土地的依賴變得更加多元複雜，水圳的定位也因此變得模糊。身為臺灣人，我們有義務去思考自己與大圳的關係。

## 在世代交替中漏接的情感

二〇二〇年是嘉南大圳動工一百週年。百年光陰說長不長，說短不短，卻也夠資格讓大圳領到屬於它的萬元重陽敬老金，可惜因為政治因素，使我們一直到一九九〇年代才開始認真傾聽它的故事。

作為最早開始系統化研究嘉南大圳的幾個人之一，東華大學歷史學系陳鴻圖教授從小便看著由嘉南大圳灌溉的甘蔗田與稻田長大，懷念的情感驅使著他一頭栽進嘉南大圳的歷史研究中。隨著研究進展，陳鴻圖有機會真正走入嘉南大圳的核心，親身探訪嘉南農田水利會，並與那些奉獻數十年光陰給臺灣水資源的前輩們互動。聽著前輩們純樸而充滿情感的話語，陳鴻圖理解到嘉南大圳不只是單純的水利設施，同時還凝聚了許多臺灣人的情感與生命力。

在幾乎與世隔絕的山林中控管臺灣中南部水利資源的分配，還要定期保養各處的水道與管路，排除任何可能威脅到水利資源穩定的潛在風險，日復一日、年復一年的繁複水利管理工作是外人難以想像的。

「做一樣就要像一樣，總不能讓人有怨言、給人麻煩。出來服務不是為財為利，純粹為了幫助農民。」八十多歲高齡還在水利會服務的掌水工尤海存這麼說，他每天親身巡水的理由很簡單，卻也很不簡單——純粹的動機，蘊藏著對自身職責的驕傲。

嘉南大圳自濁水溪與烏山頭水庫汲取水源，輸送至嘉南平原各處農田，陳鴻圖非常貼切地用人體密布的動脈與微血管來形容。前面篇章提過在大圳興建前，雲嘉南地區有嚴重的水資源分配不均問題，離河道遠的農地皆得「看天吃飯」、靠著不穩定的雨水耕種，更別提拓展可耕地的面積。這些困境在嘉南大圳落成後終於得以緩解，灌溉面積從原本的五千公頃擴增到十五萬公頃，為嘉南平原帶來「大米倉」的美譽（照片7-3）。

「大圳其實就是臺灣人的衣食父母。」陳鴻圖語帶感慨地說，嘉南大圳引領的農業革命除了硬體層面的升級，與之配合的「三年輪作制」政策、水利專業知識與技術的導入也帶來軟體層面的新氣象。從陳鴻圖的觀點看來，嘉南大圳雖然是過去政權留下來的建設，但是臺灣能有現今的繁榮與扎實基礎，大圳與那些默默付出的人功不可沒。

臺北大學民俗藝術與文化資產研究所的助理教授王淳熙與陳鴻圖的經歷恰恰相反，他雖然是以建築專長投身文化資產管理的志業，但本身仍是自耕農，儘管只是小小兩分地，能親身參與播種、耕耘到收穫的每個環節，仍讓王淳熙深刻體驗到農業與土地依賴互存的關係。談到這段體驗，王淳熙的笑容很陽光，「（自耕的經驗）讓我知道什麼是對土地的『情感』，源自非常深刻地將生活融入整片土地。也讓我知道，早期農民對自己的農地那樣堅持、不輕易妥協的原因。」

照片 7-3　嘉南大圳讓嘉南平原成為「大米倉」，照片所攝為烏山頭附近的農田景觀。

不管是陳鴻圖在訪問水利會時感受到的使命感與熱情，或是王淳熙親身體驗農業生活後得到的感悟，這些「人情」都是在歷史課本或研究論文精鍊過程中無法保留的感性，冷硬的「數據」或許可以讓新生代迅速認識嘉南大圳，卻很難在沒有情感觸動的情況下認同它所代表的「價值」與「意義」。

## ⁂從前從前，有個叫八田與一的人……

從現在的觀點回顧大圳或許會認為成果是風光的，但若將時光倒轉、回到百年前剛要大興土木的臺南州，又會是怎樣一番光景？那些投身大圳建設的人們會知道自己正創造著歷史嗎？

「我想如果我是當時的農民，可能不會有任何感覺吧？畢竟這離我太遠了，很難對這樣規模的工程有什麼深刻感受。」王淳熙笑著說。研究歷史出身的陳鴻圖更是直接說：「如果我是當時的知識分子，說不定還會去參加反對大圳建設的抗議。」嘉南大圳在當時並非日本唯一的殖民地建設，八田與一也只是外派南方的技術人員，工程規模如此浩大，加上本地人對日本政權的不信任，在這樣背景下不難理解「咬人大圳」的戲稱從何而來。

若問臺灣人什麼時候真正開始認識嘉南大圳與八田與一，陳鴻圖認為要歸功於一九九〇年代國立編譯館所編撰的「認識臺灣」教科書，把原本封閉在水利會內部的資訊釋放出來，八田與一的名字才開始被臺灣人所認識，也促成陳鴻圖等人後續一系列相關的研究、了解大圳的建設與構思。

從工程的角度來看大圳，建築專業的王淳熙坦言嘉南大圳雖然不是劃時代的天才設計，但卻是當時「經過非常嚴謹計算，將工程技術發揮到極致」的最佳解法，可惜流傳至今的工程圖大多殘缺，甚至逸失。「像大圳這樣的工程技術跟施行都會反映當時的時空背景，」曾為大圳走訪整個北臺南的王淳熙充滿了嚮往，「如果可以回到那時候，我希望能去看看大圳的施工圖還有工程現場，去感受他們如何建設這麼大的工程。」

在二〇一七年四月十五日的斷頭事件之前，許多臺灣人都不知道烏山頭水庫有一座八田與一銅像。這座銅像最早是由水圳建設人員自發提議製作，用來懷念他們朝夕相處的長官。八田與一在建設嘉南大圳時，應該沒想到自己會有被人立像紀念的一天，然而從後續的歷史來看，他的足跡確實引領臺灣走向新的時代。而今八田與一的銅像在草皮上席地而坐，扶額望著烏山頭水庫，衣著簡樸，造型簡單，或許正呼應八田與一的本質：以平凡之身成就不平凡。

第三節

# 滾滾不停的圳水，代代傳承的念想

二〇〇六年臺南縣進行文化景觀普查，將嘉南大圳納入觀察對象。二〇〇九年正式公告大圳成為法定文化景觀，同年更入選為臺灣十八個世界遺產潛力點之一。適逢其會的王淳熙因而接觸到「文化景觀」這個特殊概念，成為他研究保存嘉南大圳文化景觀的契機。雖然這些年來王淳熙陸續研究了不少文化景觀，但是在他心中嘉南大圳仍有很高的代表性。

## 嘉南大圳的核心價值

作為文化景觀的先驅者，嘉南大圳著實給了王淳熙等文化資產管理人員許多難題。當前針對文化資產的處理方式是將時光停留在過去的某個時間點，盡可能捕捉與還原當時的原貌。但是強行維持住嘉南大圳的模樣，就能真正「保存」它的價值嗎？大圳不只為臺灣中南部帶來豐沛的水資源，同時也奠定了人們傍水而生的生活思維與文化。對於如此規模龐大的水利設施，我們的目光究竟該聚焦在過去、現在，或是它的未來？

「不管是古蹟、文化景觀等文化資產管理，我們都在試圖『保存』某個東西。問題是大圳應該要被保存的事物是什麼？」王淳熙拋出整個文化資產管理團隊從最初就存在的疑問，「既然嘉南大圳是現在進行式，我們就不能用跟面對古蹟一樣的邏輯去處理它，我們該思考大圳的核心價值到底是來自於水圳本身，還是它仍有功能這件事！」

嘉南大圳的核心價值是什麼？陳鴻圖的答案與王淳熙不謀而合。

「（大圳）對於臺灣後來農業或經濟的影響都非常巨大，這個巨大如果用以前嘉南農田水利會的前輩最喜歡講的，就是：循著北回歸線，地球上沒有任何一個地方能有嘉南大圳這樣規模的水利建設。而大圳作為文化資產最大的價值，就是它『現在還在運行』的這個事實。」

綿延一萬六千公里的水道，其中川流不息的圳水在過去是十五萬公頃農地的命脈，現在更承載著文化與記憶。可惜的是，今日的大圳已慢慢與許多臺灣人民的生活「脫節」。

## ⁂圍繞著大圳的戰國時代：土地轉型與資源調配

二十世紀中期，臺灣正式從農業社會轉型成工業社會，嘉南大圳的水資源分配面臨又一次的洗牌，只是這次灌溉用水不再是執政者關注的重點，因而淪為工業用水與民生用水的犧牲品。水資源不是無限，單位時間內能運用的量就是這麼多，該怎麼調配才不會讓珍貴的水被浪費，是臺灣邁向工業化之後一直在面對的重大議題。

不管是國家的發展政策或是人民的價值觀，都不是永遠不變的。二十世紀晚期臺灣工業崛起，輕重工業的廠區鯨吞蠶食了大量原本屬於農業的土地與資源，因為相較於繼續耕種，人民更重視工業帶來的進步與利益。如今來到二十一世紀初期，本就擁擠的資源版圖又殺進另一支生猛的高科技勁旅，毫不留情加入爭搶。土地使用的改變趨勢是不容易阻擋的，王淳熙認為不同世代有各自的追求，土地的樣貌只是真實呈現出這些追求的結果，政府既然掌握著資源分配權，就理應將這些民心民意納入考量，並且找出各方拉扯下的平衡點。

陳鴻圖以過去臺灣水資源分配失衡為前車之鑑，認為執政者不應將視線放在狹隘的單一區塊、甚至單一產業上，而是要從國家發展的角度著眼，「不管是農業自給率、民生需求，若能統計出全國的供需狀況，在調配上的比例就可以很明顯推算出來。」當年配合大圳施行三年輪灌制也是因為水資源不足，對於直接面臨衝擊的農民來說，施行三年輪灌制會感覺被箝制，甚至認為是政府對庶民的壓迫。然而長遠來看，三年輪灌制確實達到公平分配水資源的初衷（照片7-4）。以此為借鏡，當前政府更需要設計一套新的水資源分配計畫，並拿出魄力制定法令，才能應對當前各產業爭搶用水的窘境。

跟嘉南大圳水資源相關的挑戰可不只有「如何分配」，這些資源的使用狀況以及使用後衍生的副產品同樣會衝擊到我們的生活。過去因為知識不足忽略了維護環境，使得六〇、七〇年代大量工業廢水流入大圳，輕忽的苦果時至今日仍荼害著每一位臺灣人。農業有農業的損耗，工業與高科技產業也有屬於它們自己的汙染，這些事實不該成為產業之間互相攻訐的藉口。如

照片 7-4　嘉南平原的農田與給水路一景。

陳鴻圖所說：「水不只是農業，同時也是整個國家的命脈，汙染水資源只是在傷害我們自己跟下一代。」當我們用他人的過錯來為自己的行為辯護時，卻忘了在「為什麼只抓我不抓他」的推諉卸責中沒有人會是贏家。

一般人檢討水利資源汙染時經常歸咎現行法規的不周全，才讓不肖業者鑽漏洞（照片7-5）。然而在陳鴻圖看來，政策與法條其實早就有了，問題出在政府的執行力道不足。所幸近幾年除了民間自主監督各廠區的廢水排放狀況，有機無毒農業的興起也是一線曙光。只不過不管是工業廢水淨化、無毒農業發展，這些技術都十分昂貴，透過法令強制執行或許能解一時之急，但是礙於成本的限制仍難以全面普及。若能改良相關技術，讓保護環境的善舉不再成為付出代價的「變相懲罰」，甚至能創造出互利共生的新局面，會比要求各產業「共體時艱」有號召力。

設計汙水淨化系統或許需要相關背景知識與專業能力，但是我們每個人並不需要有博士學位才能體會「汙染水資源」是傷害自己的生活，更不應該把「改善現況」當成菁英階級的任務來省卻自己的責任。換句話說，不需要每個人都變成環境保護專家，卻需要努力降低一般民眾關心與投入的門檻，這樣一來自然能吸引更多熱愛珍惜這片土地的人一起付出心力。

# 嘉南大圳 充斥死豬

## 散發惡臭污染用水 居民卻已見怪不怪

【記者周曉婷後壁報導】以供應灌溉用水爲主的嘉南大圳，十餘年來有不少豬隻浮屍在水中載浮載沈，地方居民早已見怪不怪，甚至在充斥死豬的圳溝中「摸蜆」，自得其樂。

嘉南大圳後壁段流經土溝村一帶，平日即有不少死豬順流而下，當地一位村民表示，月前颱風過境，造成後壁地區淹水，不少豬隻溺斃，使得嘉南大圳的死豬浮屍頓時暴增，近日略有減少，但據計算，平均每日仍有七、八隻死豬會流經嘉南大圳後壁段。

儘管死豬散發惡臭，且污染用水，但土溝地區民眾對動輒自上游漂來的死豬，已經見怪不怪，不少村民利用空檔，相偕前往嘉南大圳撈蜆，一位農婦表示，運氣好的話，一個上午可以撈取五、六十枚。

據指出，造成嘉南大圳土溝段充斥死豬的原因，可能是嘉南大圳流經臺南縣幾處養豬大鎭，缺德的養豬戶爲方便起見，索性將病死豬及夭折的小豬丟入水圳中，此外，村民還曾經在水圳中發現死貓、死狗，甚至袋屍，但因十餘年來「見多識廣」，對於眾多動物浮屍，居民照樣面不改色。

# 嘉南大圳新營線 溺水污染頻傳

## 民代促水利會改善

【記者蔡榮聰新營報導】嘉南大圳新營支線在灌溉期間，頻傳溺水事件，停灌期間又成爲污染源，它的存續意義已經受到懷疑，新營市民代表沈同雄昨天提出嚴正聲明，要求嘉南農田水利會重視改善，否則不排除發動抗爭的可能性。

新營支線自卯舍至台紙新營廠，穿過新營市區的部份長達四公里，水流湍急，全線沒有安全設施，溝面且與地面等高，這卅多年來幾乎每年都會傳出好幾件溺水事件；沈同雄代表指出，自從有了新營支線以迄，少說也有卅條人命在此葬送。

# 南市450公頃龍鬚菜潰爛

## 鹽水溪嘉南大圳污水肇禍 市府爭取減租

【記者游慧香南市報導】鹽水溪下游及嘉南大圳八號大排水溝之間水源污染嚴重，致當地漁民向國有財產局承租養殖的龍鬚菜大量腐爛死亡，受損面積廣達約四百五十餘公頃，市府漁業課已力促有關單位協調爭取減租的可能性。

據估計，污染受損區域包括：鄉仔寮四十餘公頃、海尾寮二百一十公頃及四草二百公頃等共約四百五十餘公頃，約一百五十名養殖戶。

這些養殖地幾乎全屬國有財產局管理的國有地，是業者向該局承租，平均一甲要繳二千多元的年租金。

雖然租金不高，但因水源污染嚴重，這幾年龍鬚菜大量減產，養殖環境遠不如從前，業者幾乎無法再靠此維生，租金也成了沈重的負擔。

一名業者表示，龍鬚菜腐爛速度快，蔓延也快，沒幾天整個魚塭就變成一攤綠色的死水，

# 二仁溪污染防治 首長會報決裂

## 廢五金焚化處理地點談不攏 南市長憤而退席 高南二縣長指責環保法令 會議草草結束

【高縣報導】高雄縣長余陳月瑛和台南市長施治明，昨天共同主持二仁溪污染防治高雄台南三縣市首長業務會報時，雙方對廢五金廢棄物焚化處理地點發生嚴重爭執。施治明在怒責余陳月瑛「太沒意思」後，憤而率與會的市府官員集體退席。

滿臉錯愕的余陳月瑛和台南縣長李雅樵勉強繼續主持，並在雙方一致指責省及中央不負責任後草草收場。

由高雄縣長余陳月瑛主動邀請召開的三縣市首長業務會報，在三縣市政府分別指出二仁溪污染防治工作報告，進行第一件提案討論時突然引起軒然大波。

台南市環保局長蔡長三表示，台南灣裡地區目前堆置的廢五金廢棄物只有五千多噸，並不適合興建焚化爐處理，加上用地難覓和民意反對，基於國家整體資源的利用，最好是移往環保署在大發廢五金專業區規劃興建的焚化爐併同處理。

蔡長三的意見立即遭到高雄縣環保局長洪金田的反擊。他表示，大發廢五金專業區當地的大寮鄉民，對廢五金廢棄物焚化爐的興建反對相當強烈，各縣市的廢五金廢棄物最好還是各自處理較爲適當。余陳月瑛隨即發言支持洪金田的意見。

施治明重新解釋台南市設置廢五金廢棄物焚化爐的困難後，建議採取折中方案，將提案作成「請環保署協調有專業焚化爐的工業區處理」的決議，並不指明在大發廢五金專業區處理，余陳月瑛表示可以接受，但必須在決議後方加個括弧，表明高雄縣堅決反對。

台南市長率市府官員退席。（吳儁生攝）

余陳月瑛再三表示高雄縣民意無法接受堅決反對將廢五金廢棄物焚化爐設在高雄縣後，會議做成「建請環保署協調各縣市自行處理」的決議，施治明不悅的向余陳月瑛抱怨說「太過沒意思會報乾脆不要開」，余陳月瑛雖不斷的輕拍施治明的肩膀安撫，但施治明突然高聲說「台南市的所有提案全部取消」，隨即起身退席。

參加會報的台南市政府官員也立即跟進集體退席，高雄縣政府計劃室主任蘇春松趕緊出面打圓場，但施治明憤憤不平的說「你有民意我就沒有民意」，並說「我很有誠意來解決問題，但這種討論方式太沒意思」，「開會搞成這個樣子非走不可」，蘇春松眼見難以挽留，只得一路護送離去。

台南縣長李雅樵在總結時，對施治明的退席表示「有點感慨」，在肯定余陳月瑛主動召開會報的熱情後，話鋒一轉痛責環保法令不合時宜，「即使身爲縣長的我也不服氣」，目前的環保法令是獨裁可惡的惡法。

李雅樵要求環保法令應以民意爲依歸進行修改，有關跨縣市的環保問題更應由省及中央出面主持，也不致造成施治明退席的憾事。

余陳月瑛則接續李雅樵的話，要求跨縣市的環保問題應由省及中央列管追蹤。

讓數字說話

台灣省工業區開發現況

（81年6月底止）

【善化、麻豆綜合報導】台南縣衛生局取締中華民國機關團體員工消費合作社聯合社販賣中國大陸藥材，也引起見仁見智看法，有人以爲，坊間市場或牛墟路邊攤販擺賣多令進補藥材甚爲平常，但卻鮮見衛生當局處理，此值得商榷，對此鄉鎮衛生所人員表示，囿於取締人力極爲有限，所以才無法杜絕，不過既然有人檢舉，他們不能睜眼不予取締。

依藥物藥商管理辦法規定，販賣中藥材應由專人負責，第廿四條規定中藥販賣由專任中醫師或確其具中藥基本知識及鑑別能力，經地方衛生主管機關登記之人員管理之。因此，台南縣衛生局日昨取締聯合社販賣大陸藥材，可說是依法處理，不過有人以爲，多年以來，不少無照藥商到處於路邊擺賣藥材，卻鮮見有關單位取締，尤其，國人冬季購買類似人參、當歸等中藥補品，形同購買食物般[illegible]平常，因此如何全面取締違法藥攤，衛生當局應一視同仁。

依台南縣部份鄉鎮衛生所人員表示，衛生局主管藥商藥材單位人力有限，不可能面面俱到，因此只要有人檢舉反映，他們一定會向上級報告而配合警方前往處理。

善化一間中醫診所籟醫生表示，近年來仿冒大陸劣等藥材充斥於市，國人於市場路邊攤購買，不要被攤販口舌所騙，「廉價人參」可能是贗品，此對身體有害而無益。

照片 7-5　大量廢水被排入嘉南大圳的新聞報導不斷。

## ⁂從凋零轉向新生：再造大圳

食衣住行育樂，即使在充滿變化與不確定性的二十一世紀，仍有許多需求未曾改變。「民以食為天」，這亙古不變的真理或許能成為再造大圳的關鍵。文化資產保存最重要的一步就是讓文化景觀融入日常生活，而不是只去維持失去功能的空殼，對於這一點，大圳早在數十年前就已做到——只是當今的臺灣人並沒有意識到它與生活必需品之間的連結。

王淳熙以自身耕種的經驗出發，給出頗有興味的思考方向：「人的基本生活就是要吃，但是如果你不去理解『吃』這件事跟土地之間的關係，你就只是『吃到食物』而已。」我們對食物的想像往往跟現實脫節，過去「沒吃過豬肉，至少也看過豬走路」的戲語在如今已是完全相反的意義。民生物質不虞匱乏，反而削弱了人們與土地的連結，市面上充斥大量加工品，讓我們用看不見產地、看不見材料原貌的食物餵養下一代。在根本不知道食物從何而來的情形下，我們又要怎麼讓孩子學習知足、去保護腳下這片養育他們的土地？

對於這個問題，陳鴻圖與王淳熙給出了同樣的答案：體驗。

因為沒有實際務農的經驗，多數人無法理解「鋤禾日當午，汗滴禾下土」的辛勞，也對於農作物生長需要耗費的資源一無所知；未曾親眼目睹烏山頭水庫核心的運作，一般人無法知曉水利人員為臺灣的水資源做出多少奉獻。當人們對大圳與土地的認識只剩下一行行統計數據與文字敘述時，自然很難與之締結情感。

「我們需要的，是讓大家重新『注意到』大圳，以及大圳帶來的改變。」陳鴻圖以過去做研究的實踐精神為例，提議可以讓一般人去接觸農民、水利人員的工作，透過第一手經驗拉近民眾與這些工作的距離。

「我自己的小朋友也是在教科書上面學（跟大圳相關的知識），但是我發現只是這樣跟他們講並沒用，所以就安排全家在烏山頭水庫住了三天兩夜。」陳鴻圖說起自己如何帶領孩子認識大圳，以及親自接觸的經驗如何加深他們對整個大圳與水庫的印象，「我們從水庫出發，走了一段水路到東口去看整個灌溉景況，然後提醒他們：『你們看，《KANO》電影就有一段是在這裡拍的。』這樣一路走一路講，他們當然就會更了解嘉南大圳，也更了解八田與一。」

親身體驗的做法不只適用於大圳，而是整個人文教育都可以借鑑的思維。臺灣是有著豐沛自然資源以及多元歷史文化的寶島，身為西太平洋的交通樞紐，特殊的地理位置也吸引世界各國來此留下自己的足跡。這些足跡或許不屬於今日的臺灣人，但卻屬於這片名為「臺灣」的土地。我們依附這片土地而活，卻在現代化的過程中慢慢忽略了這個事實；我們目光越放越遠，步伐越跨越大，但忘了注意腳下被踩踏的土壤。

不管是文資處、環保局介入維護，或是入選世界遺產潛力點，這些做法都是為了加深嘉南大圳在臺灣人民心中的印象。然而王淳熙認為與其一味向外尋求國際的認可，臺灣更需要從內部著手打下厚實的情感基礎。

「嘉南大圳的價值大多存在於臺灣人與臺灣歷史中，這或許不適合放到世界的層級去比較。客觀來講，嘉南大圳雖然大，但卻不是最大的。當時是『亞洲第一』，現在已經不是了，一直緊抓著這個不放反而會模糊我們看待大圳的焦點。」

「農村、或者是受到水圳灌溉的區域可以多舉辦一些活動，讓小孩子有機會去培養對這些水圳的感情。」陳鴻圖又以美濃獅子頭水圳舉辦的戲水活動為例，開放水圳給一般民眾玩水不只是活用水圳本體，更讓當地居民自然而然「關心」起這條與他們生活密切連結的水圳——畢竟，沒有人會希望自己的孩子泡在有汙染疑慮的河水中。其他如彰化八堡圳「跑水祭」（照片7-6）、桃園大圳「騎單車遊大圳」等活動也都是嘉南大圳很好的學習對象，讓水利設施融入大家的日常生活，提升非農民對大圳的情感。

## ⁂期許下一個百年

水，是一切的根本。沒有水的滋養，作物無法生長，資源不足就會限制人類社會的進步。即使我們平時接觸不到嘉南大圳與其他水利建設，卻仍會間接接受到水圳的滋養。

「同樣是北緯二十三．五度，非洲那邊可是撒哈拉沙漠啊！」陳鴻圖的一句笑語，點出嘉南大圳對臺灣的最大貢獻。因為嘉南大圳百年來的灌溉，才讓臺灣有現在的繁榮基礎；百年後的今天，我們應該回過頭想想如何照顧嘉南大圳了。

再造大圳的重點在於「造」字，既然臺灣已經沒辦法回到百年前的農業社會，生生不息的大圳自然需要被賦予新的意義與核心價值。嘉南大圳百年來經過硝煙砲火的洗禮，撐過產業變遷的衝擊，其存在的意義本就隨著社會進步不斷被重新檢視。時代在變，人也在變，誰也說不清楚下一個百年會是什麼樣子。「從某個角度來說，臺灣人沒有辦法等待太長的時間。但是這

照片 7-6　彰化八堡圳「跑水祭」。
跑水祭本屬八堡圳的圳頭祭，現在已經成為當地著名的文化節慶活動。

些事情幾乎是需要以『世代』為單位的時間來轉變。」講到臺灣人急躁的天性，王淳熙十分語重心長。

再造大圳所要挑戰的是社會結構上的革新，因此更需要建立一套能長久維繫人與土地、與水源之間連結的「觀念」。唯有觀念正確，我們才能看清自己的處境與目標，再視需求去整合各領域的資源，制訂相應的策略。

嘉南大圳百年來養育了一代又一代的臺灣人，但一百年過去了，時代已然不同，現代面對的挑戰遠比過去更加嚴苛。八田與一所設計的大圳如同一輛老爺車，雖然跑起來吃力卻不會拋錨，如今的水利會也面對著比水利組合更大的挑戰，一方面得用新科技與現代工法給老爺車汰換零件，另一方面則要扛起農業轉型、組織轉型的艱鉅任務。

但無論如何，我們都要謹記嘉南大圳是為農業而生的設施，如果沒有了農地、沒有了農民，大圳也將失去生存的意義。

「大圳的美，是來自於大圳賦予土地、賦予農業生命力的景觀。因為有水圳，所以有農田；因為有農田，所以有水圳。如果今天農田不存在了，水圳就會變成水溝。」王淳熙帶著深情道出大圳與土地之間的共生關係。

倘若沒有了平原上的萬頃良田，沒有了良田上種植的臺灣米糧，沒有了奔流不息的嘉南大圳，嘉南平原會是什麼模樣？

# 附錄一：參考書目


## 第一章

——〈林內圳頭祭〉，《臺灣日日新報》，臺北，1927年8月28日，第4版。

——陳正美，《南瀛水圳誌》，臺南：臺南市政府，2009。

——陳梅卿主持，臺南市五條港發展協會執行，《臺南市內嘉南大圳水圳記憶與互動歷史資源調查計畫成果報告書》，2019。

——陳梅卿主持，臺南市五條港發展協會執行，《臺南市內嘉南大圳水圳記憶與互動歷史資源調查計畫成果報告書》，〈附錄五、訪談紀錄逐字稿〉，頁C1-51，2019。

——謝佳螢、劉艾靈、陳力航訪問，〈陳豔星先生訪問紀錄〉，2019年1月29日，未刊稿。

## 第二章

——陳鴻圖，《嘉南平原水利事業的變遷》，新營：臺南縣政府，2009。

——陳鴻圖，《水利開發與清代嘉南平原的發展》，臺北：國史館，1996。

——陳正美，《南瀛水圳誌》，臺南：臺南市政府，2009。

——陳怡碩，《日治時代玉井盆地的農林土地開發》，臺北：國立臺灣師範大學地理學研究所碩士論文，2002。

——洪麗完，〈嘉南平原沿山熟番移住社會之形成暨其社會生活考察（1740-1945）：以大武派社為例〉，《歷史人類學刊》，10：1（香港，2012.4），頁31-86。

——洪麗完，〈族群與遷徙、擴散：以清代哆囉嘓社人移住白水溪流域為中心〉，《臺灣史研究》，18：4（臺北，2011.12），頁1-55。

——洪麗完，〈嘉南平原沿山地區之族群關係：以「阿里山番租」為例〉，《臺灣史研究》，18：1（臺北，2011.3），頁41-101。

——洪麗完，〈清代楠梓仙溪、荖濃溪中游之生、熟番族群關係（1760-1888）：以「撫番租」為中心〉，《臺灣史研究》，14：3（臺北，2007.9），頁1-71。

——鄭螢憶，〈通事制度、信仰與沿山邊區社會——清代臺灣吳鳳信仰的形成〉，《歷史人類學刊》，12：2（香港，2014.10），頁51-84。

——李文良，《帝國的山林：日治時期臺灣山林政策史研究》，臺北：國立臺灣大學歷史學研究所博士論文，2001。

——謝兆樞，《蓬萊米的故事》，臺北：臺灣大學磯永吉學會，2017。

——臺中州立農事試驗場，《臺中之蓬萊米》，臺中：臺中州立農事試驗場，1927。

——蔡承豪，《天工開物：臺灣稻作技術變遷之研究》，臺北：國立臺灣師範大學歷史研究所博士論文，2009。

——石毛直道，《日本の食文化史：旧石器時代から現代まで》，東京：岩波書店，2015。

## 第三章

——八田與一，〈台湾土木事業の今昔〉，《台湾の水利》，10卷5期（1940.9），頁576-582。

——陳鴻圖，《活水利生：臺灣水利與區域環境的互動》，臺北：文英堂出版社，2005。

——古慧雯、吳聰敏、何鎮宇、陳庭妍，〈嘉南大圳的成本收益分析〉，《經濟論文叢刊》，34卷3期（2006.9），頁335-371。

——馬鉅強，《日治時期臺灣治水事業之研究》，桃園：國立中央大學歷史研究所碩士論文，2005。

——吳明韞，《嘉南大圳建設工程簡介：日本所遺留之水利大遺產》，臺南：臺南市政府文化局，2015。

——清水美里，《帝国日本の「開発」と植民地台湾：台湾の嘉南大圳と日月潭発電所》，東京：有志舍，2015。

## 第四章

——《臺灣民報》

——《臺灣日日新報》

——楊肇嘉編，《嘉南大圳問題》，東京：臺灣問題研究會，1931。

——八田與一，〈台湾土木事業の今昔〉，《台湾の水利》，10卷5期（1940.9），頁576-582。

——陳鴻圖，〈嘉南大圳對土地改良及農作方式之影響（1924-1945）〉，《國史館學術集刊》，第1期（2001.12），頁187-223。

——陳鴻圖，〈臺灣南部水利糾紛的歷史考察〉，《興大歷史學報》，20（2008.8），頁109-134。

——柳書琴、陳淑容，〈宣傳與抵抗：嘉南大圳事業論述的文本縫隙〉，《臺灣文學學報》，23（2013.12），頁175-206。

——吳文星，〈八田與一對臺灣土地改良之看法〉，《臺灣師大歷史學報 》，28（2000.6），頁159-170。

——鄭雅方，《臺灣南部農田水利事業經營之研究》，臺南：國立成功大學歷史研究所碩士論文，2003。

——陳鴻圖，《活水利生：臺灣水利與區域環境的互動》，臺北：文英堂出版社，2005。

——清水美里，《帝国日本の「開発」と植民地台湾：台湾の嘉南大圳と日月潭発電所》，東京：有志舍，2015。

——北國新聞社出版局編，《回想の八田與一：家族やゆかりの人の証言でつづる》，石川：北國新聞社，2016。

——吳聰敏，〈臺灣農村地區之消費者物價指數：1902-1941〉，《經濟論文叢刊》，33卷4期（2005.12），頁321-355。

## 第五章

——〈全滅を期したマラリアがぶり返す或は嘉南大圳による滞水の結果か臺南州では對策

中〉，《臺灣日日新報》，臺北，1931年11月1日，第3版。

——「臺南州橋梁架設費資金借入許可案（指令第七一六六號）」（1935年12月01日），〈昭和十年永久保存第十八卷〉，《臺灣總督府檔案》，國史館臺灣文獻館，典藏號：00010661001。

——臺南州，《臺南州第二統計書》，臺南：編者，1922，頁80-81。

——臺南州，《臺南州第十七統計書》，臺南：編者，1937，頁194-195。

——吳文星，〈八田與一對臺灣土地改良之看法〉，《臺灣師大歷史學報》，28（2000.6），頁159-170。

——陳鴻圖，《嘉南大圳研究（1901-1993）：水利、組織與環境的互動歷程》，臺北：國立政治大學歷史研究所博士論文，2001。

——陳鴻圖，《嘉南平原水利事業的變遷》，新營：臺南縣政府，2009。

——小栗一雄，〈我が土地改良事業の充實〉，《台灣の水利》，1卷3期（1931.7），頁3-6。

——降矢壽，〈水利より見たる水稻作改良增產に關する若干重要問題〉，《台灣の水利》，10卷1期（1940.1），頁29-34。

## 第六章

——公共埤圳嘉南大圳組合，《臺灣公共埤圳嘉南大圳事業組合概要》，臺南：公共埤圳嘉南大圳組合，1939，頁16-19。

——公共埤圳嘉南大圳組合，《實行小組合役員の事績》，臺南：公共埤圳嘉南大圳組合，1937，頁10。

——陳逢源，《臺灣経済と農業問題》，臺北：萬出版社，1944，頁91。

——古川勝三著、陳榮周譯，《嘉南大圳之父：八田與一傳》，臺北：前衛出版社，2009。

——陳鴻圖，〈戰後水利會水利小組的變遷（1945-1975）〉，《東華人文學報》，20（花蓮，2012），頁137-167。

——臺灣省嘉南農田水利會，《嘉南農田水利會貯水埤池土地管理》，臺南：臺灣省嘉南農田水利會，1999。

——林光浩、王御風，〈嘉南大圳故事之一：曾文溪渡槽橋〉，「打狗高雄｜歷史與現在」，http://takao.tw/zengwun-river-aqueduct-bridge/，擷取日期：2018年11月16日。

——陳志昌，〈芻議嘉南大圳輸水渡槽橋與日本工業發展〉，「財團法人紀念八田與一文化藝術基金會網站」，http://hattayoichi.org.tw/publish.php，擷取日期：2018年10月3日。

——陳梅卿主持，臺南市五條港發展協會執行，《臺南市內嘉南大圳水圳記憶與互動歷史資源調查計畫成果報告書》，頁57-193，2019。

——陳梅卿主持，臺南市五條港發展協會執行，《臺南市內嘉南大圳水圳記憶與互動歷史資源調查計畫成果報告書》，〈附錄五、訪談紀錄逐字稿〉，頁B1-7、C52-87、F1-128、G1-81、H1-16、A1-26，2019。

——鄭枝南，《大社玄武傳奇》，臺南：玄武傳奇文史工作室，2000，頁194-196。

——《吳新榮日記》，http://taco.ith.sinica.edu.tw/tdk

——臺南市政府農業局網站：https://agron.tainan.gov.tw/cp.aspx?n=1227

——陳鴻圖，《臺灣水利史》，臺北：五南圖書，2009。

——陳鴻圖，〈臺灣南部水利糾紛的歷史考察〉，《興大歷史學報》，20（2008.8），頁109-134。

——陳鴻圖，〈嘉南大圳另類影響：聚落及農民意識〉，《臺灣學系列講座專輯五》，臺北：中央圖書館臺灣分館，2013。

——〈水利會改官派，成選舉不沾鍋〉，《中時電子報》，2018年9月27日。

——〈灌區外也可享灌溉，嘉南農田水利會農民反彈〉，《自由電子報》，2018年5月31日。

——謝佳螢、劉艾靈、陳力航訪問，〈陳豔星先生訪問紀錄〉，2019年1月29日，未刊稿。

——〈1300名老人工，年省1水庫水源〉，《聯合報》，臺北，2017年04月17日，A5版。

——〈清雜物險被沖走，7旬掌水工敬業〉，《聯合報》，臺北，2013年12月23日，B2版。

——〈高科技灌溉，運用數據調整供水〉，《聯合報》，臺北，2017年05月06日，B2版。

## 第七章

——余境萱、邱亦萱、臺南市文化資產管理處，《遊大圳！內行仔帶你踏查去》，臺南：臺南市政府文化局，2017。

——陳梅卿主持，臺南市五條港發展協會執行，《臺南市內嘉南大圳水圳記憶與互動歷史資源調查計畫成果報告書》，頁76-78、198-199，2019。

# 附錄二：影像出處

## 【照片提供】

照片 1-1／劉世良攝影　照片 1-2／劉世良攝影　照片 1-3／黃基峰攝影　照片 1-4／Shutterstock　照片 1-5／國立臺灣圖書館館藏　照片 2-1／臺南市文化資產管理處提供　照片 2-2／新竹縣政府文化局官網　照片 2-3／臺南市文化資產管理處提供　照片 2-4／臺南市文化資產管理處提供　照片 2-5（組圖）／維基百科　照片 2-6／國史館臺灣文獻館授權　照片 2-7／維基百科　照片 3-1／陳敏明攝影　照片 3-2／臺南市文化資產管理處提供　照片 3-3／黃基峰攝影　照片 3-4／謝佳螢攝影　照片 3-5／維基百科　照片 3-6／臺南市文化資產管理處提供　照片 3-7（組圖）／「臺灣古寫真上色」作品，王子碩授權　照片 3-8／謝佳螢攝影　照片 3-9／維基百科　照片 3-10／謝佳螢攝影　照片 3-11／黃基峰攝影　照片 4-1／臺南市文化資產管理處提供　照片 4-2／臺南市文化資產管理處提供　照片 4-3／臺南市文化資產管理處提供　照片 4-4／《臺灣日日新報》1925 年 1 月 15 日。國立臺灣圖書館館藏　照片 4-5／謝佳螢攝影　照片 4-6／謝佳螢攝影　照片 4-7（組圖）／國史館臺灣文獻館授權　照片 4-8／黃基峰攝影　照片 4-9／黃基峰攝影　照片 4-10／臺南市文化資產管理處提供　照片 5-1／臺南市文化資產管理處提供　照片 5-2／顏少鵬攝影　照片 6-1／顏少鵬攝影　照片 6-2（組圖）／國立臺灣圖書館館藏　照片 6-3／劉世良攝影　照片 6-4／果子電影有限公司授權　照片 6-5／陳豔星提供　照片 6-6／楊家祈攝影　照片 6-7／嘉南農田水利會提供　照片 6-8／顏少鵬攝影　照片 6-9／顏少鵬攝影　照片 7-1／臺南市文化資產管理處提供　照片 7-2／嘉南農田水利會提供　照片 7-3／陳敏明攝影　照片 7-4／劉世良攝影　照片 7-5（組圖）／《中國時報》　照片 7-6／楊傳峰攝影　照片 7-7／陳敏明攝影

## 【圖片來源】

圖 2-2／陳鴻圖《水利開發與清代嘉南平原的發展》　圖 3-1／維基百科　圖 3-4／臺南市文化資產管理處提供　圖 3-5／國史館臺灣文獻館授權　圖 4-1／謝佳螢攝影　圖 4-2／維基百科

系列——言無盡02

# 圳流百年

## 嘉南大圳的過去與未來
## ——真正改變臺灣這塊土地的現在進行式

作者　「故事：寫給所有人的歷史」：林佩欣、張家綸、郭忠豪、郭婷玉、康芸甯、陳力航、陳家豪、陳永融、劉艾靈、謝金魚（依姓名筆畫排序）
繪圖　李國聖
執行編輯　謝金魚、劉艾靈
封面設計　賴政勳
策劃單位　文化部文化資產局、臺南市政府文化局、臺南市文化資產管理處
總策劃　葉澤山、林喬彬
策劃召集　李雪慈、王世宏、楊美紅
行政執行　高于婷、郭怡均、李惠芳
總編輯　顏少鵬
發行人　顧瑞雲

出版者　方寸文創事業有限公司
地址—臺北市106大安區忠孝東路四段221號10樓
傳真—02-8771-0677
客服信箱—ifangcun@gmail.com
出版訊息　方寸之間—http://ifangcun.blogspot.tw/
精彩試閱　方寸文創—http://medium.com/@ifangcun
FB粉絲團　方寸之間—http://www.facebook.com/ifangcun
限量品商店　方寸文創（蝦皮）—http://shopee.tw/fangcun
法律顧問　郭亮鈞律師
印務協力　蔡慧華
印刷廠　華展彩色印刷股份有限公司
總經銷　時報文化出版企業股份有限公司
地址—桃園市333龜山區萬壽路二段351號
電話—02-2306-6842
GPN　1010901215
ISBN　9789869536752
初版一刷　二〇二〇年一月
初版二刷　二〇二〇年八月
定價　新臺幣四〇〇元
Printed in Taiwan



**與烏山頭水庫同時間蓋的大壩都退役了，只有烏山頭水庫還在。**

方寸文創

**國家圖書館出版品預行編目（CIP）資料**｜圳流百年：嘉南大圳的過去與未來——真正改變臺灣這塊土地的現在進行式｜故事：寫給所有人的歷史團隊作｜初版｜臺北市：方寸文創｜2020.1｜202面｜23×17公分（言無盡系列：2）｜ISBN 978-986-95367-5-2（平裝）｜1.農業水利 2.水利工程 3.臺灣｜434.257｜108017438